Powerful Phrases for Dealing with Workplace Conflict

What to Say Next to De-stress the Workday, Build Collaboration,and Calm Difficult Customers

應對職場衝突句式聖經

善意表達自我，阻止問題惡化
近300句有力措辭
即刻套用

凱琳・赫特 Karin Hurt、大衛・戴伊 David Dye | 著　謝明憲 | 譯

目錄

第四部——向上管理：如何應對與上司的衝突

第五部——應對難搞的人：說服懶散者及贏得抱怨者

好評推薦

「本書重要到你該爲同事各買一本，而光是那十二條雋永金句就已値回票價。」

——賽斯．高汀（Seth Godin）

《意義之歌》（*The Song of Significance*）作者

「這是在職場上進行勇敢對話的必備指南。凱琳．赫特與大衛．戴伊提供了各種工具、技巧和啓發，來幫助你將壓力和挫折轉變爲職涯中的關鍵領導力與創新。」

——多利．克拉克（Dorie Clark）

哥倫比亞大學商學院高階主管教育講師、華爾街日報暢銷書《長線思維》（*The Long Game*）作者

「提升應對衝突的能力來使事情變得更好，這是很奧妙的悖論。事實上，所有的工作關係都可

能發生齟齬，而本書不僅能幫助你度過難關，還能改善你們的合作方式。」

——麥可．邦吉．史戴尼爾（Michael Bungay Stanier）

《你是來帶人，不是幫部屬做事》（*The Coaching Habit*）與

《沒有搞不定的工作，只有沒搞好的關係》（*How to Work with (Almost) Anyone*）作者

「掌握衝突是破壞者的超能力，而凱琳．赫特與大衛．戴伊將引導你如何做到這一點。他們承諾提供十二條應對衝突必用的雋永金句，實際上卻提供了驚人的三百條。我不僅推薦這本書，還會將它放在隨手可及的地方，因爲它眞的非常實用，能扭轉各種衝突的局面。實在太棒了！」

——惠特妮．強森（Whitney Johnson）

破壞式創新顧問公司（Disruption Advisors）執行長、五十大管理思想家（Thinkers50）排名前十位、

華爾街日報暢銷書《破壞者優勢》（*Disrupt Yourself*）作者

「凱琳．赫特與大衛．戴伊的新書，完美地補充了幾乎所有關於衝突和衝突管理書籍中所缺乏

的內容：他們提供了大量的具體實例來說明爲何選擇及使用特定的詞語，能在解決職場衝突中產生巨大的作用。他們爲讀者提供了最有效的言語和非言語的工具來維持挑戰性的對話，從而創造出愉快又有持續性的情境，使每個人都更能提出關鍵性的問題、積極傾聽彼此的不同觀點，然後提出有創意的解決方案，讓每個人在衝突中都能滿足自己最重要的需求。」

——洛夫・基爾曼博士（Ralph H. Kilmann, PhD）

《掌握湯瑪斯基爾曼衝突解決模型》（*Mastering the Thomas-Kilmann Conflict Mode Instrument (TKI)*）作者暨 TKI 評估工具共同作者

「謝天謝地！本書解答了人們那些想問又不敢問的問題，並提供了各種實用又眞實的答案和指導。書中除了有大量的研究數據來增加可信度外，同時也提供了一些基於經驗、已經證實有效的方法和模式來使它們更具實用性。畢竟許多時候，數據並無法從理論或理想中實際應用在現實上。非常感謝凱琳・赫特與大衛・戴伊寫了這本幫助我們提升技巧和效能的書。」

——葛蘿利亞（葛蘿）・卡頓（Gloria (Glo) Cotton）

戰略領導力教練、包容主義擁護者、《由內而外的領導》（*Lead from Within*）協助作者

「《應對職場衝突句式聖經》是每一位與他人共事者的絕佳資源。何以見得？因爲無論你是誰或在哪裡工作，衝突總是不可避免的，而凱琳・赫特與大衛・戴伊希望你能做好準備。（悄悄告訴你：光是第3章就已值回票價啦！）」

——肯・布蘭佳（Ken Blanchard）

《一分鐘經理》（*The New One Minute Manager*）共同作者和

《領導的簡單眞相》（*Simple Truths of Leadership*）作者

謹將本書

獻給你

因為你的聲音很重要

【前言】職場衝突無法避免，那就提升應對的技巧和效能

衝突是無法避免的。

當你必須解決某些問題或有人在乎某些事（畢竟有許多事是値得在乎的），你就會遇到衝突。若想在職場上獲得更多的成功、影響力和快樂，你就必須妥善地應對這些衝突。然而，衝突是很棘手的，因爲你並非天生就知道在生氣、應對討厭的人、或有人批評你的突破性想法「很愚蠢」時，該說什麼話才能完美地回應他們。

你可能在求學階段沒有學到實用、具有成效的衝突處理方法。再者，如果你也像我們大多數人一樣的話，你會在成長過程中目睹大人們有時會把事情搞得一發不可收拾。你自己或許也曾遇過一些衝突處理得不太理想的情況。你討厭那種感覺，而我們也不喜歡。

這就是這本書的宗旨：提供實用的溝通技巧來幫助你有效地應對職場上的衝突，從而使你

能獲得更好的結果、建立信任、具有更多的影響力，並與同事們合作無間。

此書如何誕生？

當我們的出版商提姆打電話來說：「嘿，我們需要一本幫助人們應對當今那些充滿挑戰又複雜的職場衝突的書，你們願意寫嗎？」我們的第一反應是，「當然沒問題，我們可以寫。」

畢竟，近十年來我們一直在世界各地旅行，並把各種品牌的「尿布精靈」（diaper genies）塞進飛機座位上方的置物櫃。（「別擔心，它是乾淨的。」我們總是這樣安撫驚訝的空服員。）我們也曾在時差還沒調整過來的情況下，在主題演講的前一晚，花好幾個鐘頭在街上四處詢問：「Hast du einen windeleimer?」或「有賣尿布桶的嗎？」

如果你不熟悉這些異味物的隔離裝置，它的操作方式是先將有異味的尿布放進尿布精靈裡，然後扭轉一下，尿布就會被塑膠袋緊密地包覆住，異味就不會散發出來了。不過，氣味當然還是存在的——在清空那些長長的「快樂包裹」時，你就會知道。

我們深信，在職場衝突中，如果你聞不到它的氣味，就無法解決它。雖然我們認爲這些裝置對父母和嬰兒來說是很棒的發明，但所謂的精靈卻可能擾亂你的影響力和成效，並且也破壞了信任。因此，我們的第一個回答是：「好吧，我們來寫。」

然而，當我們更深入地考慮下筆時，我們不得不拋開所謂的精靈，並提出更嚴肅的問題：我們在處理職場衝突方面的能力有多強？我們眞的有資格寫這本書嗎？身爲共同寫書的夫妻檔，並在全球疫情大流行期間及其後續的動盪中經營一家國際領導力發展公司，我們倆經常在衝突與合作之間翩翩起舞。以下是我們夫妻對話的一些例子：

「我知道你眞的很想接這個新案子，但這不在我們的規劃中。況且現在我還有很多事要忙，根本處理不完所有的事。」

「嘿，你難道不明白這裡頭投注了多少心血嗎？你能不能稍微給點肯定？」

「你可別說這是個爛主意！我覺得它棒得很。再說了，你會跟我們團隊的任何人這樣說話嗎？也許你應該先讀讀你自己寫的《勇氣的文化》（*Courageous Cultures*），下次用尊重一點的態度來回應我。」

當然，在我們的「職場」中，衝突處理不當的話會有很大的風險。畢竟意見的分歧和受傷的感情，並不會因爲該上床睡覺了就消失。

和你一樣，我們也希望應對職場衝突能更容易一些。

於是，我們答應撰寫這本書。不是因爲我們總是能完美地處理衝突，而是因爲我們知道處理衝突有多麼困難，以及擁有實用的技巧和工具對你來說有多麼重要。

爲什麼衝突很棘手？

問題始於你的頭腦。是你的大腦讓衝突變得棘手，因爲它將每一場衝突都看成是生死攸關的事。這些本能在面對野熊時很有幫助（你會躲起來、戰鬥、組隊或裝死），但對職場衝突來說，這些反應只會使麻煩的情況變得更糟糕。如果你像大多數人一樣，你希望別人理解你，甚至喜歡你。你想要感到安全及被接納。然而，在談論你的混合工作團隊（hybrid team）的政策成效不彰，或誰把休息室的微波爐搞得一場糊塗時，你的大腦的生存本能和對拒絕的恐懼便顯得有些多餘了。

不過，當事情涉及到職場衝突的應對及促進合作時，對你、對我們及對我們爲孩子打造的世界來說，風險都是很高的。在這動盪變化的世界中，面對那些龍蛇混雜又不完美的人類，你永遠無法預料到會碰上什麼事，不過你總是可以選擇如何應對。本書提供了各種選擇，使你能更有信心擺脫所謂的「尿布精靈」，而以好奇心來面對問題，並進行有意義的對話。

如何使用這本書？

我們差點刪掉這一小節，因爲答案簡單說就是：「閱讀並使用它。」但有幾個快速的重點提示可以對你有幫助。如果你不知道本書是否適合你，可以先閱讀凱琳最喜歡的章節：第2章中所列出的相關問題。在接下來的第二部，我們提供了有效應對任何職場衝突所需要的一切，其中包括如何引導出所有人都想避免的對話，以及我們的雋永金句（greatest of all time, GOAT）。倘若你拿起這本書是因爲你正面臨嚴重衝突的緊急狀況（acute conflict emergency, ACE），那麼本書的目錄可以幫助你迅速地找到建議。當然，一旦你解決了嚴重衝突的緊急狀況，就可以再回過頭來了解基本的內容。

此外，應對職場衝突來提升影響力和成效不僅需要閱讀，同時也需要實踐。因此我們建立了免費的資源和工具的資料庫，你可以下載它們來使這些對話變得更容易，包括：範本、輔助工具、額外的內容、團隊對話的開場白、讀書會主持指南，以及本書所引用的研究資料的深入探討。我們鼓勵你使用（並分享）這些資源來支持你的學習之旅。

www.ConflictPhrases.com

【第一部】

工作的新時代

職場衝突的最新研究

第1章

起因：為何職場衝突變得如此有挑戰性？

「由於疲勞過度，我看到好的一面或進行全盤思考的能力已經欲振乏力了。」

——四十二歲美國女性

爲什麼職場衝突變得更加棘手？

自古以來，人與人之間就存在著衝突。但爲了提供最實用的工具，我們希望了解現在的情況，因此我們創建了全球職場衝突與合作調查（WWCCS），向全球各地的人們詢問他們是否在工作中經歷了更多（或更少）的衝突，以及這些變化的原因和職場衝突的影響。我們還詢問了他們曾經歷過的重大衝突，以及如果再次遇到同樣的衝突，他們會給過去的自己什麼樣的建議。

截至撰寫本文時，我們已收到來自四十五個國家和美國五十個州、總共超過五千人的回應。

每一章的開頭，你會看到一段來自WWCCS受訪者（以及我們在外巡迴講課時遇到的一些人）說的話，這些引言包含了他們的故事、建議或衝突的結果。我們也邀請你一起來參與。我們非常期待你能分享自己的職場衝突經歷。你可以在「職場衝突與合作資源中心」平台找到調查問卷、我們更多的研究內容，以及全球各地的人們的職場衝突經歷。

www.ConflictPhrases.com

爲什麼職場衝突增加了？

若你覺得過去幾年在職場上經歷了更多的衝突，那麼你並不是唯一有這種感覺的人。我們的研究顯示，有70%的人表示他們在職場上經歷了相同或更多的衝突，而那30%表示衝突減少的人，大多數是因爲他們換了新工作、在家裡上班或遠離了那些難搞的人。我們猜測，這其中有許多的情況是，這些改變讓個人的環境變得更風平浪靜，但其實職場本身並沒有改善，也沒有人變得更擅長處理衝突。

我們來看看是什麼助長了這些衝突，並讓它們變得更變本加厲。

為什麼職場衝突增加了？

不堪負荷、疲勞過度、人手不足	27%
管理不善	27%
疫情相關的心理健康問題、焦慮	21%
對他人的包容與理解減少	20%
工作動力不足	20%
經濟的動盪	16%
歧視	15%

（WWCCS受訪者最多可選三個原因）

不確定的經濟環境下的疲憊勞工

疫情加速了勞動力的變化，人們比以往都更加渴望在工作中找到意義①，而工作本身也在改變中。調查結果所顯示的持續性的不堪負荷、經濟的不穩定、工作動力不足和管理不善，都是這場劇變的徵兆。那些大型組織的員工分散在七個不同的時區，而在遠端工作的世界中，許多人根本從未面對面見過彼此。倘若你是在矩陣型組織❶中工作，情況就會變得更加複雜。責任的界線可能會變得模糊，你的優先事項或那些激勵你的目標，可能與同事的目標互相衝突。然而，你又需要同事的幫助才能在工作中取得成功。這就是衝突雞尾酒❷。

編按：○為原注；●為譯注。

①凱特·摩根（Kate Morgan），〈尋找工作的意義〉（The Search for Meaning at Work），英國廣播公司，二〇二二年九月七日。https://www.bbc.com/worklife/article/20220902-the-search-for-meaning-at-work.

❶矩陣型組織（matrixed organization）是一種多維的管理模式，其主要特點是員工必須同時向功能性部門（例如技術、銷售、人力資源等）以及專案或產品相關的負責人進行匯報。這種組織架構有助於企業在保持核心功能專業化的同時，也能靈活地組織及調動資源來面對特定的專案或市場機會。

❷衝突雞尾酒（conflict cocktail）意指諸多複雜的因素（例如責任模糊、目標衝突、缺乏溝通等）像調製雞尾酒般混合在一起時，將會導致難以避免的衝突局面。

自從新冠疫情以來，許多行業發現吸引及留住人才比以往都更加困難。教育、醫療、服務業和飯店業的員工表示，他們已經厭倦了無禮和充滿敵意的顧客、學生及病人，以及繁重的工作時數和不可能滿足的要求。顧客則抱怨等待的時間過長、服務太差、員工態度冷漠和不斷增漲的小費。這是另一種強烈的衝突雞尾酒。

新冠疫情所引發的遠端工作和混合工作團隊的模式，使許多人渴望更深的人際連結。即使對那些已經重返辦公室（或從未離開現場工作）的人來說，這幾年的社交距離也讓我們許多人感到迷失。許多組織仍在努力應對遠端和混合工作的新現實。管理者正在重新學習如何領導及支持他們的團隊，隊友們則在摸索如何建立有意義的關係並完成工作。這些快速變化和缺乏人際連結助長了衝突，並使問題更加難以解決。

疫情相關的心理健康問題與焦慮

隨著口罩令、居家令和網課逐漸成爲過去式，我們很容易就忘記新冠疫情幾乎顚覆了生活的各個方面。但疫情已經造成許多人的創傷並留下了疤痕。社會的隔離傷害了我們的心靈。「選擇自己的小圈子」造成了「我們」與「他們」的對立，而政治和社群媒體則進一步加劇了這種趨勢。對許多人來說，疫情期間的高度警惕、焦慮和壓力引發了持續性的心理健康問題②。對另一些人來說，對強制措施的不滿和個人自由的喪失，則帶來了另一種恐懼和焦慮。

焦慮、壓力和憂鬱的增加，再加上人際關係的喪失，你會發現職場衝突變得更多又更激烈。在第3章，我們將探討為何人際連結對於化解衝突來說是如此的重要。目前我們只需知道，所有的隔離和獨處對於解決衝突並沒有任何幫助。

容忍度或包容力降低

讀到WWCCS中那些關於令人擔憂的歧視、以及容忍度和包容力不足的評論時，我們感到非常難過。對許多人來說，這些趨勢正在惡化。疫情加速了社會的變遷、強化了社群媒體的影響力，並引發了人們、群體、甚至家庭之間的衝突，而你無法將這種緊張情緒隔絕在職場

② 世界衛生組織：「新冠疫情引發全球焦慮和憂鬱症患病率增加25%」，二〇二二年三月二日，訪問於二〇二三年六月二十八日。https://www.who.int/news/item/02-03-2022-covid-19-pandemic-triggers-25-increase-in-prevalence-of-anxiety-and-depression-worldwide.

之外。我們來仔細分析一下這個問題。

快速的社會變遷

當事物迅速或大幅變化時，人們會感到恐慌。快速變化、重大變化和意外變化都可能增加衝突的可能性和強度③。而新冠疫情無疑是上述三種變化的綜合體，它既快速、重大又令人意外。但它也伴隨著幾個其他的主要變化。社會正義運動達到了前所未有的動盪和行動階段。值得慶幸的是，這促使全球許多人和組織加強了對多元、平等、包容力與歸屬感的承諾。

同時，我們也看到其他令人擔憂的變化：引人注目的白人民族主義增加④，以及全球氣候暖化伴隨著乾旱、火災和洪水的發生⑤。人工智慧（AI）的驚人突破，對某些行業和職業造成顛覆性的威脅。突如其來的重要變化往往令人感到困惑、焦慮和不確定。這些影響在工作中顯而易見。其中一個例子是人力資源管理學會對社會變遷和衝突解決的分析：相較於前些年，有44％的人力資源專業人士報告說，二〇二〇年的政治動盪變得更嚴重了；而在二〇一六年，只有26％的人報告說，（與之前的選舉相比）政治上較爲動盪⑥。

社群媒體的影響

社群媒體是仰賴衝突而蓬勃發展的。這些公司靠廣告獲利，因此會盡一切可能促使人們與它們的平台互動。而讓人們互動的最簡單方法，就是激起他們的怒氣和憤慨。這是根據記者兼作家約翰・海利（Johann Hari）在他的暢銷書《誰偷走了你的專注力？》（*Stolen Focus*）中所描述的人類行為特徵。他寫道：「平均來說，我們會花比觀看積極和冷靜的事物更長的時間，來盯著那些負面和令人憤怒的事物。」這就稱為負面偏見（negativity bias）。海利總結道：

---

③治理與社會發展資源中心（GSDRC），〈探究：衝突、社會變遷與衝突解決—GSDRC〉，治理、社會發展、衝突與人道主義知識服務，二〇一五年九月四日。https://gsdrc.org/document-library/conflict-social-change-and-conflict-resolution-an-enquiry/.

④南方貧困法律中心（Southern Poverty Law Center），〈白人民族主義〉（無日期）。https://www.splcenter.org/fighting-hate/extremist-files/ideology/white-nationalist?gclid=CjwKCAjwvpCkBhB4EiwAujULMu-ek7hfQilh4bSPdNDm8ejQM0reKvRk2aVRt2WiM-OEb0Rbbydz1BoC 7GcQAvD_BwE.

⑤NOAA Climate.gov，〈氣候變遷：全球溫度〉（Climate Change: Global Temperature），二〇二三年一月十八日。https://www.climate.gov/news-features/understanding-climate/climate-change-global-temperature.

⑥更多內容參見：https://www.shrm.org/resourcesandtools/tools-and-samples/toolkits/pages/managingworkplaceconflict.aspx.

「如果它更能激怒人，那麼它就更具吸引力。」

持續暴露在這種版本的現實，會讓整個人發生變化。如果你「每天有好幾個小時是暴露在那些充斥於社群媒體、彼此互不相關的尖叫和憤怒的片段中，你的思維就會開始被形塑成那樣……你會更難聽到更溫柔體貼的想法。⑦」

社群媒體削弱了許多人聽出言外之意、往好的方面想、以及與他人進行友好對話的能力。而這些趨勢也逐漸蔓延到職場上。

看看經驗怎麼說

除了全球調查外，我們還閱讀了數百位商業和思想領袖的著作，並向他們請教關於職場衝突的經驗與智慧。在本書中，你會在「專家見解」專欄裡看見這些洞見，例如來自責任專家內特・雷吉爾（Nate Regier）的這一段。他呼籲我們要「燒腦」（struggle with），而不要「對抗」（struggle against）❸，從而讓衝突幫我們打造更美好的未來。

專家見解

要燒腦，不要對抗

根據我們處理過的數千例人際衝突情境的經驗顯示，當衝突發生時，人們會花費精力去抗爭。而這些抗爭似乎有兩種形式：對抗或燒腦。對抗隨處可見，它存在於政治和宗教、出現在新聞裡，也充斥在社群媒體中。

燒腦則是一種互相幫助和創造的過程。其重點是將解決方案視爲一條雙向道、將衝突視爲創造雙贏結果的機會，並採取共同承擔責任的態度，來解決我們的期望與現實情況之間的差異。

——內特・雷吉爾博士

Next Element 執行長、《無傷害的衝突》（*Conflict without Casualties*）和《富有同情心的責任》（*Compassionate Accountability*）作者

⑦約翰・海利（Johann Hari），《誰偷走了你的專注力？》（*Stolen Focus: Why You Can't Pay Attention—and How to Think Deeply Again*），Crown，二〇二二年。

❸英文的 struggle with 多指內在的掙扎，其要解決的對象是自己的情緒、決策或困難，因而感到「燒腦」；而 struggle against 則多指與外部的具體對象進行純粹的鬥爭或「對抗」。換句話說，當發生衝突時，大家應該集思廣益來共同解決問題，而不是一味地彼此抗爭。

前進的道路

我們分享這些衝突的原因不是為了讓你感到氣餒。重點在於了解衝突的根源及其發生的原因。當你考慮到你的同事可能正面臨大量令人不安的變化時，你會更容易以同情心和好奇心來應對，並尋找有意義的解決方案。

我們的WWCCS受訪者中有9%的人表示，他們在職場上經歷較少衝突的原因是「溝通的改善」。這是很棒的開始。充滿善意和關懷的言語確實能帶來改變。而那些宣稱職場衝突減少的受訪者中，有32%的人將減少的原因歸於「溝通的改善」。這也是我們對你的期望——在溝通中有更多的選擇來促進人際關係、減輕壓力並獲得更好的結果。

第2章

相關問題：常見的擔憂、疑問及舊方法行不通的原因

「喝伏特加吧！」

——六十歲俄羅斯男性

此時，你心中可能已經有一些「那麼關於……」的疑問了。我們就從參加我們的培訓和主題課程的學員們，最常問的幾個關於衝突的問題開始。如果你還有其他的問題，可以到我們的「職場衝突與合作資源中心」平台留言。倘若有什麼需要我們鼓勵你的，那就是大膽地說出你的想法，並談談你的擔憂。

有力的措辭，有用嗎？我不太相信。畢竟這種事無法事先寫好腳本

市面上有許多指導書聲稱可以提供整個衝突對話的腳本，這當然行不通：因爲人的因素。每個職場衝突各有其微妙的差異之處，你無法確切知道自己會面對什麼，或者對方接下來會說些什麼。

我們也知道，客戶曾多次向我們請求「請給我確切的語句」。這些語句有許多是來自我們研究中「對自己建議」的部分，它們確實像魔法一樣有效，在不同的產業、組織的各個層級、以及全球各地都屢試不爽。然而，它們並不是對話的腳本，而是能打開有意義的對話大門的「有力措辭」。

所以，你是對的，幾乎沒有「完美的語句」可以應對每一種情境——也許除了「謝謝」、「對不起」和「別把那個塞進鼻子裡！」（這是個不尋常的有力措辭，雖然很少奏效，但你仍然必須說出來或喊出來，並且往往是在爲時已晚之後。）除此之外，重要的不是詞語本身，而是這些詞語所起的「作用」。它們藉由打開有意義的對話大門來傳達意義、促成改變和建立關係。

本書的有力措辭是你可以完全照搬使用的詞語，如果你比較喜歡依樣畫葫蘆的話。我們也

會告訴你爲什麼這些措辭有效，以及它們背後的意圖。因此，當它們不完全符合你的個性或情境時，你便可以進行調整，從而找到能傳達相同的意義、促成改變和建立關係的有力措辭。（當你找到時，我們很希望聽見，請在「資源中心」平台與我們分享。）

在第3章，你將學習應對大多數衝突對話時應該考慮的四個面向。在閱讀本書任何的有力措辭時，我們請你思考一下對方可能會有的反應，以及你可以如何回應來讓這場對話貫穿這四個面向。

我已對第一人稱陳述法、三明治溝通法和那些胡吹的東西感到厭倦，這些方法根本不管用

有許多傳統的職場溝通智慧被傳承下來，但意義卻不大，或者在不同情境下根本行不通。這些建議大多是改善了過去的方式，而這些方式在當時確實有所幫助。可惜的是，它們已經過時了。如今，這些舊有的應對方法往往被當成了笑柄（而且有其道理）。

第一人稱陳述法（“I” statement）和三明治反饋法（sandwich feedback）就是兩個典型的例子。如果你對這些溝通方法並不熟悉，別擔心，你不會在這裡看到它們的，因爲它們太容易被

誤解和濫用了。但在摒棄這兩種反饋法之前，我們先簡單回顧一下它們的起源，以及它們何時仍然有用。

首先是老派的第一人稱陳述法。這種方法是不談論對方，而是將焦點放在你的體驗上，用「我」來作爲語句的開頭。比如說：「我覺得很灰心；我的團隊無法完成工作；當我們沒有你的資料時，我們無法爲你提供資金。」

第一人稱陳述法的價值在於它將焦點放在你的體驗上。有大量的研究表明，以自身體驗作爲開場來進行反饋的對話是不錯的主意①。但問題在於大多數人只記得「我」這個部分，而忽略了其背後的意圖，因此，他們會說出類似「我眞不敢相信你會這麼令人討厭！」這樣的話。

從技術面來說，這句話確實是以「我」爲開頭，但實際上，它仍然是關於對方的話。接著，當他們試圖修正這句話時，句子會扭曲成連你的高中作文老師都會作噩夢的樣貌：「我眞不敢相信你，呃，我的意思是，我覺得你眞是個討厭鬼。等一下，我希望你別再這麼令人討厭了。不，不對。唉，好吧。我只是想要你別管我，讓我好好地完成工作。還有，別再這麼令人討厭了，好嗎？」

另一種令人反感的反饋技巧是三明治反饋法。當你有難聽的話要說出來時，你不是直接說出來，而是把它夾在兩個正面話語的中間：好話—壞話—好話。

人們不太友善地稱這種反饋方式爲「狗屎三明治」。儘管有巧妙的頭韻❶，但它對於有意義的對話並沒有什麼幫助。當你用這種方式展開對話時會出現兩個問題。首先，你的訊息會被忽略，對方只會注意到其中的讚美，而錯過了關鍵的內容。第二個問題是，這樣的三明治讓人感覺不眞誠，並且帶有操控性。「她話說得眞好聽。好吧，這次我又哪裡不對了？」

因此，當有人請你給予反饋時，是的，你應該強調他們表現好的部分，並提供改進的建議。但除此之外，你還是把三明治留給午餐吧。在第4章，我們將避免這些技巧中的混淆和錯失的機會，並提供一些更簡單的方法來展開對話。

我的上司/同事/客戶是神經病，我怎麼做都沒用

哎呀，很遺憾聽到你的情況這麼糟糕。但是你並不孤單。事實上，我們在WWCCS中

① Buckingham、Marcus和Ashley Goodall，〈為什麼反饋很少達到預期效果〉，《哈佛商業評論》（*Harvard Business Review*），二〇一三年三月十日。http://hbr.org/2019/03/the-feedback -fallacy.

❶ 狗屎（shit）和三明治（sandwich）一樣都是以子音S開頭，稱為頭韻。

聽到許多跟上司／同事／客戶發生衝突的故事。我們想要鼓勵你，讓你知道事情還是有希望的。很多時候，在嘗試進行對話和提出要求之前，我們會先把自己說成是無助的，感覺自己像是環境的受害者。

在對方身上編造故事是很容易的。我們會納悶對方怎麼會如此無情、自私或不夠體貼，但其實他們已經盡力了。對話創造了改變的機會，但如果你保持沉默，那麼什麼都不會改變。

沒錯，你可能勇於發聲而情況並沒有任何改變。不過，這樣做對你仍然有三個好處。首先，你提升了自己的技能和勇氣。這兩者都會隨著練習而進步。當下次必須進行類似的對話時，你會有更好的準備。

第二個好處是，你會明白你之前不知道的事。也許那個人並不是不體貼，或許他們有你不了解、與你的目標形成競爭關係的優先事項（而且，確實有用於此種情況的有力措辭，詳見第12章）。

第三個好處是，倘若你沒有明白任何新的事物，情況也沒有任何改變時，那麼你會對自己的工作環境有眞實的體會，並了解到這裡可能並不適合你。有時候，抽身離開才是最佳的解決之道（詳見第7章），而現在你知道了。

專家見解

勇於解決團隊衝突

當看到團隊中發生衝突時，你該置身事外嗎？在大多數情況下，答案是否定的。那麼，爲什麼你可以理直氣壯地干涉呢？

首先，如果有衝突正在影響你的團隊或公司，我會說這其實就是你的事。當你的上司不願意設定優先順序時，你就會在過多的案子中分身乏術；當你的同事採取消極抵抗的態度時，你就得去處理那些未解決的問題和低效的權宜之計；當有人無法爲自己發聲時，你就得去傾聽他們對這世界的悲觀看法。團隊中的大多數衝突終究會變成你的事。

其次，忽略「少管閒事」這個信條的另一個理由是，如果你並未直接參與衝突，那麼你可能更有利於幫助解決衝突。

我最早開始思考這個問題是因爲聽到了育兒專家芭芭拉·科斐羅索（Barbara Coloroso）談論她的書《陪孩子面對霸凌》（*The Bully, the Bullied, and the Bystander*）。根據作者的研究顯示，霸凌是由三方動態構成的。我們都希望霸凌者改變行爲，也希望被霸凌者能挺身而出，但當下最有機會終止霸凌的是旁觀者。

團隊中的情況也是如此。雖然我的說法不同，但概念是一樣的。確實有惡劣的人（或至少是行爲惡劣的人），也有受傷害的人，他們覺得自己是受害者，並且無法採取任何行動來改善情況。在這些情況下，目睹者——那擁有情感距離的人——有最佳的機會來進行建設性的干預。

——黎安．戴維（Liane Davey），《良性衝突》（*The Good Fight*）作者

我無法靠自己改變整個文化。是否需要職場裡的每個人都閱讀這本書才能奏效？

是的，每個人都必須讀這本書。請與我們聯繫以獲得優惠折扣。

開玩笑的啦！算是開玩笑吧。

雖然我們非常希望職場裡的每個人都能閱讀及使用這些有力的措辭，但你完全可以單獨使用它們，無論其他人是否知道這些措辭。我們會一步步帶你走過衝突對話的過程、給你使用的話語，並解釋爲什麼要這樣說。這些並不是小技巧或操縱的手段，而是始終保持每位參與者的尊嚴與人性。而且，是的，當對方也知道這些技巧時，你們將能更快地處理有意義的衝突。

本書有那麼多的有力措辭，我怎麼可能全部記住並在必要時派上用場？

簡短的回答是：你無法把它們全部記住（除非你是義大利的安德烈亞·穆齊（Andrea Muzii），當前的世界記憶冠軍），而且你也不需要這麼做。將這本書當作參考資料，然後規劃你的策略。若你想記住幾個有力的措辭，那麼背下第3章的十二條雋永金句會很有幫助。

【第二部】

基本心態

適用於所有職場衝突的實用方法

第3章

由此開始：建設性衝突的四個面向

「做個大器的人，談一談吧。」

——三十七歲南非非二元性別人士

我們已經確立了一個事實：你無法爲影響力設置腳本，我們也不可能爲每一個職場衝突都提供應對的話語。但無論你面對的是什麼衝突，總會有四個面向能讓衝突變得有成效。本書的每一句有力措辭都涉及到這四個面向之一。當你遇到書中未提及的棘手情況或同事之間的衝突時，你可以從這四個面向之一來著手思考接下來該說什麼。

我們來看看這四個面向是什麼，以及它們如何體現在你的衝突中。

一、連結：我們是否以人性爲本來了解彼此？

職場衝突總是涉及到人。每一場衝突都會隨著你們越來越了解彼此、理解對方的觀點，並將對方視爲人而變得更容易處理。

想像你與一位名叫喬的同事發生衝突。你們一起談論這個問題。喬用一句有力的措辭展開了對話：「我眞的很重視你和這個案子，我相信我們可以找到大家都能接受的解決辦法。」

如果喬基本上是個好人，去年你的小兒子生病時他幫了你一把……哦，對了，就在上週，他還跟你的老闆說你製作的資料透視表非常棒（他眞的很貼心），這對喬來說便是很好的開場方式。你可能會想：「嗯，我很灰心。不過仔細想想，喬似乎一向做事都很公正。我來聽聽他想說些什麼。他說得對，我相信我們可以解決這件事。」

現在假設同樣的衝突換成了另一個喬。這位喬最近把你推入火坑，並搶走了你的工作成果。哦，對了，上週他還在全體員工會議上當著老闆和所有人的面嘲笑了你的點子。現在，如果喬用相同的方式開場說：「我眞的很重視你和這個案子……」，你可能會想：「少來這一套，我才不相信你的鬼話！」

這就是人際連結的力量。在派上用場之前，與人建立更多的連結，可以使衝突變得更容易解決。然而，由於持續的疫情影響、混合或遠端工作及跨時區團隊等因素，現在有許多人覺得與人建立連結變得越來越困難。

在爲彼此更輕鬆的合作、影響和信任鋪路的過程中，你能做的最好事情是，以人性爲本來了解你的同事而不是他們的職能，以尊嚴來對待他們，並保持你的可信賴性。這是需要額外花時間經營的，然而當你化解了衝突時，它將會是好幾倍的回報。倘若你一直沒有在人際關係上經營，或對方不信任你的意圖，那麼即使再精心挑選的詞語也是徒勞。

說到連結，你還必須與一個人建立連結：你自己。建設性衝突要求你了解自己的價值觀、目標、需求和願望。在本書中，你也會看到一些請你與自己建立連結的有力措辭。

二、明確：我們是否對成功有相同的理解？

想一下你現在或過去遇到的任何重大衝突。我們敢說，這些衝突的根源肯定包括了與期望不符。你以爲他們會在會議後清理咖啡杯，而他們則認爲神奇的咖啡杯仙子會處理這件事。每個人都會對彼此抱有期望。有時，你甚至不知道自己有期望，直到有人沒達到你的期望。因此，建設性衝突的第二個面向就是達成共識：大家對於結果和期望都是明確的。

人們在職場衝突中常犯的一個錯誤是，彼此對於成功的定義並不明確。因此，他們的對話往往是這樣的：

傑克：「我不喜歡這個。」

吉爾：「好吧，那麼你想要什麼？」

傑克：「不知道耶，我也不確定自己想要什麼。」

你知道那種無奈嗎？這樣的對話根本不會有任何結果。（當你跟傑克一樣時，別感到不好意思……因爲我們也會這樣。）

當你釐清自己的目標並幫助他人也明白時，你們就能進行更有成效的衝突對話了。

三、好奇：我們是否眞的對其他的觀點和可能性感興趣？

找出職場衝突根本原因的最快方法是，對他人的觀點懷有眞正的好奇心。你眞誠的好奇心能讓他人感覺被重視，從而使你更了解該如何解決問題。

這往往是建設性衝突中最困難的部分，畢竟你有自己的觀點肯定是有原因的。當你感到憤怒或不被尊重時，就很難保有好奇心。然而，好奇心的美妙之處就在於，當你提出好的問題時，它就會自動幫助你擺脫那種反應，因爲人很難懷著眞正的好奇心同時又感到憤怒。

現在你可能會想：「是啊，我確實很好奇，『他們到底哪根筋不對了？他們怎麼會蠢成這樣？』」這些當然是問題，但它們是你的沮喪情緒的延伸，並不會幫助你理解對方的想法。這就是爲什麼我們強調要提出「好的」問題、能增進理解的問題、能幫助你在別人想法的基礎上加以擴展的問題，以及它們的答案會讓你說「咦，我從未這樣想過呢！」的問題。在本書中，我們將大量提供這些表達好奇心的有效提問。

四、承諾：我們是否有明確的共識？

職場衝突對話最令人沮喪的一點是，它似乎永遠無法結束。在你建立連結、展現好奇心，並在彼此的建議的基礎上加以擴展時，對話就必須產生行動，否則什麼都不會改變。倘若什麼都沒改變，那其實比從未進行對話更糟糕，因爲如此一來，你不僅浪費了時間，還使彼此的信任流失，並讓人們失去了希望。事實上，承諾是解決問題的答案，也是將言語轉爲行動的關鍵。

有效的承諾有兩個重點。第一個是要具體。你需要具體的行動、具體的負責人，以及具體的完成時間。第二個重點是要安排時間來檢視你們的共識。我們來舉一個例子作說明。

假設你有一位叫唐恩的同事，你仰賴他提供資料。你們之間發生了衝突，因爲唐恩沒有給你需要的報告，造成你的團隊成員無法完成他們的工作。你們進行了友好的對話。由於唐恩的團隊工作繁重，你們同意你的團隊每週只請求提供一次資料。

到目前爲止這都沒問題，但這並不是承諾。你仍需要具體的行動、具體的負責人和具體的完成時間，並且要安排具體的時間來檢視你們的承諾。因此，你們達成了以下的協議：本週五，你將向你的團隊說明新的流程；你的團隊成員將在星期二下午三點之前向唐恩的團隊提交資料的請求。唐恩將在明天早上的會議中向他的團隊說明新的流程；唐恩的團隊將在星期三中午之前提供請求的資料。你和唐恩將在兩週後的星期一下午四點半見面，一起檢視流程進展的情況。

具體性使每個人都清楚自己該做什麼，而不是僅靠彼此的善意。後續跟進的會議則使雙方都更可能遵守承諾，並有時間來處理那些干擾新計畫不可避免的阻礙。

應對職場衝突的十二條雋永金句

現在，你可能會想：「好的，連結、明確、好奇和承諾，我已經知道了。它們確實很重要，但在衝突中該如何做到這些呢？」這是個好問題。我們早已幫你準備好了。只要套用那些有力的措辭即可。本書將提供你那些能幫助你在許多特定的衝突場景中建立連結、產生明確性、培養好奇心和作出承諾的具體句子。畢竟備有幾乎在任何情況下都能派上用場的萬用金句總是有幫助的，對吧？

我們精心挑選了十二條萬用的雋永金句，它們是經典中的經典，你可以在許多不同的衝突對話中使用它們。這些有力的措辭分別對應著建設性衝突的四個面向，每個面向各有三句。

連結

這些金句有助於你展開以人性爲本的對話：

一、「我很重視（你、這個團隊、這個案子），而且我相信我們可以找到大家都能接受的解決辦法。」

承認事情的困難、你們之間的意見分歧，並且表達你有信心可以共同克服難題。如果你過去的行爲讓人質疑這句話的可信度，那麼你應該在表明對未來關係的意圖時，誠懇地爲過去之事道歉。

二、「請再多說一些。」

沒有什麼比被重視更能建立連結，而這句有力的措辭只需六個字就能達成這個效果。更多內容請參閱以下的專家見解。

請再多說一些

「請再多說一些。」

這六個字提供了事情的脈絡，有助於你更理解別人在說什麼，以及他們所說之話的含義。當我們不了解事情的脈絡時便會自行得出結論，而這將會帶來災難性的後果。

「請再多說一些」幫助你深入傾聽，並減少因爲誤解所造成的衝突。在衝突對話中或與觀點不同的人進行交談時，你可以提出這個請求一、兩次，以突破表面的問題來深入了解對方的實際情況。

——賈斯汀・瓊斯—福蘇（Justin Jones-Fosu）

Work Meaningful 諮詢公司執行長與《包容心：如何在日常生活中培養多樣性》（*The Inclusive Mindset: How to Cultivate Diversity in Your Everyday Life*）作者

三、「聽起來好像你覺得＿＿＿＿＿，對嗎？（稍作停頓來確認）謝謝你讓我知道你的感覺。」

這句有力措辭是經過驗證的建立關係技巧，稱爲「用反映來連結」（reflect to connect）。當你「用反映來連結」時，並不是在同意他們所說的話、或告訴他們你認同他們的情緒，而是承認他們的感受。換句話說，你看見了他們。而當你作出「反映」時，你就爲對話創造了共同的起點。

當他們知道你已經看見並聽見他們時，這會讓他們緩和一些情緒，彼此建立起一種連結，使你能夠進入建設性的下一步。此外，在對話的任何時刻，確認一下對方的感受也有助於衝突的緩解。

以下是實際應用的例子：「聽起來好像你對行銷部門沒什麼回應感到很灰心，這讓你越來越沒有動力，對嗎？」

明確

使用這些雋永金句來揭示期望並產生明確性。

四、「成功的結果對你有什麼影響？」

你們可能對「成功」的定義看法一致，也可能不一致，但釐清期望可以節省大量的時間和不必要的精力浪費。如果結果顯示你們的目標是一樣的，就可以轉而進行「我們該如何」的對話：「太好了，聽起來我們的目標都差不多。那麼，我們該怎麼做呢？」

至少，這個有力的提問能讓你深入了解對方的需求，並有機會讓別人了解你自己對於成功的定義。

五、「我們先從達成共識的部分開始。」

當你處於職場衝突中時，很容易就會忽略了彼此的共同點。事實上，你們很可能有一些共同的觀點可以作為基礎。花幾分鐘時間來了解你們的一致之處，可以有助於減少壓力，並爲接下來的工作創造更具合作性的氛圍。

六、「你的意思是說＿＿＿＿＿＿＿＿＿，對嗎？」

這是一種確認理解的方式，表示你在積極地傾聽，並眞正了解對方的觀點及感到興趣。在應對職場衝突時，這句有力的措辭具有很大的作用，因爲它還能有助於澄清誤解和誤會。

好奇

以下這三個有力措辭是好奇心的雋永金句，因爲它們能幫助你眞正了解對方的情況而不再感到灰心，並開啓更多的可能性。

七、「我很好奇你的觀點是怎樣的？」

這句有力措辭的美妙之處在於，它幾乎可以在對話的任何時刻發揮作用。它的變體包括「你對這個情況有什麼看法？」和「我很想聽聽你對這件事的觀點」。當然，一旦你傾聽了他們的觀點，你也就有機會同時分享自己的觀點。

八、「你會建議我們接下來怎麼做？」

這句有力措辭可以有效地將對話從抱怨或焦慮，轉向具體的下一步行動，同時也爲你創造了機會來分享你自己的想法。

九、「我現在能做什麼來幫忙你？」

這是好奇心問題的絕佳後續提問。緩和情緒性對話的最快方法是，用眞正的好奇心展現出你想知道如何幫忙對方。

當你好奇地想要找出解決辦法時，要以彼此的想法作爲基礎。你可能會找到你們雙方都從未想過的新方法來處理這個問題。接著，你們可以根據彼此對於成功的共同理解來評估這些解決方案。再次變得好奇：這些主意能達到你們的共同目標嗎？還是需要更多的想法？你是否能修改其中一個想法來實現目標？

承諾

接下來的三個雋永金句，將幫助你把衝突對話轉變爲具體的承諾。

十、「接下來我們都同意做什麼？」

即使尚未解決所有的問題，但將對話引導到具體的下一步可以讓大家都產生動力。若只要求一個具體的行動，通常會讓人覺得它是確實可行的。如果這一步看起來很容易，你隨時都可以說：「好的，那麼你覺得我們還可以做些什麼？」

十一、「總結一下，我們已經同意＿＿＿＿＿＿，對嗎？」

我們堅信，在整個對話過程中進行「理解確認」是非常重要的。在總結職場衝突對話時，這一點尤其有價值。對話的情緒性越強，這個最後步驟就越顯得重要，因爲如果討論結束後你們的期望還是各自分歧，那麼衝突將會繼續發生並傷害感情。而這最後的有力措辭可以影響對話的結果，它能讓對話變得愉快，也能使對話促成持久的改變。

十二、「我們來安排再次討論的時間，看看我們的解決辦法效果如何。」

如果你參加過我們的領導力培訓課程，你會知道這就是「安排最後的階段」（scheduling

the finish）。職場衝突的一個主要來源是，當你以爲問題已經解決了，但事情卻沒有按照你的計畫進行。安排再次討論的時間能讓後續的對話變得更自然，因爲你們已經達成了共識。此外，安排後續的會議可以增加你們彼此履行承諾的可能性，同時也提供了正當的機會來討論計畫中那些不可避免的阻礙。

以上這十二條雋永金句爲任何的衝突提供了良好的開端。在接下來的章節中，我們將爲你提供更多關於在更微細和具體的衝突中應該說什麼的建議。

請訪問「資源中心」平台來獲取可列印的輔助工具，其中包含應對職場衝突的十二條雋永金句。

SCAN ME

www.ConflictPhrases.com

應對職場衝突的十二條雋永金句

連結

一、「我很重視（你、這個團隊、這個案子），而且我相信我們可以找到大家都能接受的解決辦法。」

二、「請再多說一些。」

三、「聽起來好像你覺得＿＿＿＿＿＿＿＿＿＿，對嗎？（稍作停頓來確認）謝謝你讓我知道你的感覺。」

明確

四、「成功的結果對你有什麼影響？」

五、「我們先從達成共識的部分開始。」

六、「你的意思是說＿＿＿＿＿＿＿＿，對嗎？」

好奇

七、「我很好奇你的觀點是怎樣的？」

八、「你會建議我們接下來怎麼做？」

九、「我現在能做什麼來幫忙你？」

承諾

十、「接下來我們都同意做什麼？」

十一、「總結一下，我們已經同意＿＿＿＿＿＿，對嗎？」

十二、「我們來安排再次討論的時間，看看我們的解決辦法效果如何。」

第4章

鼓起勇氣：如何展開任何人都想避免的對話

「身為年輕的主管，我在領導方面表現得並不理想，我的團隊主動找我談他們認為需要改變的地方。我們就彼此的需求進行了尊重且開放的對話，並達成了各方必須作出哪些改變的共識。從那時候起，我們的團隊合作完全脱胎換骨——儘管並不完美，但已經非常棒了！我仍感激他們當初決定信任我，並坦誠地表達他們對情況的看法。」

——五十八歲丹麥男性

既然你已經熟悉了這些雋永金句，我們來談談如何進入有成效的衝突對話。現在，你可能會想：「等等，你剛才說什麼？展開對話……那不就是攤牌、提出問題、主動製造衝突？那可是我最不想做的事！」我們懂你的感受。

在職場上對衝突視而不見是非常誘人的事。畢竟，展開對話是需要勇氣和精力的。這就是爲什麼有這麼多人選擇使用「尿布精靈」。有時候，假裝一切都很好、避免負面情緒、保持對話輕鬆，等到回家後再對著狗發洩似乎更簡單（貓一向對發洩情緒毫無幫助，因爲牠們根本不理你。而生活中的人聽你發洩久了，也會對此感到厭煩）。

職場衝突最常見的負面影響

壓力	54%
員工離職	33%
工作品質下降	31%
生產力降低	30%
缺勤	20%
不再投入／默默離開	19%

創新或創意的下降　17%

（WWCCS受訪者最多可列舉三項職場衝突的影響）

事情是這樣的：衝突就如同水火，這兩種元素都可以帶來幫助或傷害。破壞性的衝突會摧毀它所經過的一切；它會打擊人們，並且沒有眞正的「贏家」。看看來自WWCCS的職場衝突所造成的後果前幾名：壓力、員工離職、工作品質下降、生產力降低。誰都不想在生活中出現這些問題，而它們都是破壞性衝突的後果。

然而，有成效的衝突則是把焦點放在想法和尊嚴上。它能幫助你和他人變得更聰明，因爲它擴展了你的視野，並將不同的其他觀點納入考量。儘管在WWCCS中，提到職場衝突的負面影響的人比較多，但我們也發現，當人們具備有成效地應對衝突的技能時，衝突也能帶來積極的結果。工作品質的改善、積極的政策改變和更多的創新，都是源自於有成效的衝突。那麼，該如何獲得更多的信心來展開有成效的衝突對話呢？

職場衝突最常見的積極影響

工作品質的改善 12%

積極的政策改變 10%

更多的創新或創意 8%

（WWCCS受訪者所選擇的職場衝突的前三大積極影響）

當沉默是自私的

在我（大衛）早年的職業生涯，我們的執行長規劃舉辦一場重要的行銷活動，但我覺得這場活動缺乏誠信。我為此失眠了，心中納悶執行長怎麼會做這種事。這件事讓我糾結不已，心情十分沮喪。起初，我什麼也沒說，畢竟……人家是執行長，不是嗎？但後來，我再也無法忍受了。腦海中的衝突令人痛苦不堪，我不得不做點什麼。最後，我決定發聲。我去見執行長，告訴他我無法參與這次的活動，因爲我認爲他的做法缺乏誠信。

你猜，接下來發生了什麼？

我們往往會想像最壞的結果。我們想避免衝突，是因爲我們把焦點放在事情會搞砸的可能性上。但這次的情況令我感到驚訝。執行長說：「大衛，我的看法不一樣，我不認爲這有誠信上的問題，但我也不希望你做違背良心的事。我們可以怎麼做來讓你覺得這場活動是符合誠信的呢？」

我想了一下，發現有一個簡單的辦法可以幫執行長實現他的行銷目標，同時又能保持我們的誠信。我提出了我的建議，他說：「好，就這樣做吧！」活動進行得很順利，我也更感到心安理得，甚至還博得了良心領導者的名聲。

當你對令你困擾的事情發聲時，這並不是在搞砸事情，而是你給了其他所有人（以及你自己）學習、成長和回應的機會。在這些時刻，沉默是自私的，因爲它剝奪了使大家變得更好的機會。

除了帶給每個人成長的機會外，擅於處理衝突還能爲你帶來內心的平靜、減少壓力、幫助你作出更好的決策、增進信任，並讓你擁有更多的影響力。你可以藉由將焦點放在這些積極的結果上，並想想如果什麼都不做會帶來什麼樣的負面後果，來獲得展開對話的信心。

是的，有時候你發聲了卻沒被當成一回事。如果執行長的反應是「少廢話，照我說的去做！」的態度，那麼我會得到更多的訊息，並作出不同的選擇。關於當你說的話不管用時該怎麼做，你可以在第7章找到更多的相關內容。

就像擺脫尿布精靈一樣，瑞士有一位很棒的客戶告訴我們：「有時候你就是得把魚擺到桌子上，談一談什麼東西在發臭。」❶我們相信，展開對話的勇氣一定會有所回報。以下是一些對話的開場白，首先從你與自己的對話開始。

向自己提問以建立信心的有力措辭

「我希望我說的話能帶來什麼結果？」

這看起來或許很容易，但衝突往往是混亂又複雜的。你可能會想肆無忌憚地一吐為快，但在鼓起勇氣面對衝突時，你最好是先明白自己當初為什麼要進行這場對話。

搞清楚你的目的。想想看，透過這次對話，你希望對方有什麼樣的想法、感受或行動。

專家見解

提升管理衝突的能力

邁爾斯—布里格斯公司（Myers-Briggs Company）最近關於衝突的研究①發現，管理衝突的能力與工作滿意度之間存在顯著的關係。具體來說，那些最看好自己的管理衝突能力的人，往往也有較高的工作滿意度、更能在工作中表現真實的自我，並感受到在組織中受到的重視和歸屬感。衝突會在組織的各個層級（以及每個人的個人生活中）發生。能更快又更有效地管理及應對衝突，意味著你的滿意度更高，也更有信心面對接下來的衝突挑戰。

——傑夫・海斯（Jeff Hayes），邁爾斯—布里格斯公司總裁兼執行長

---

❶「把魚擺到桌子上」是比喻將問題攤在檯面上，公開處理重要的分歧。衝突或潛在的問題就好比是一條魚，只要藏在桌底下，牠就會開始發臭並變得有毒。

①邁爾斯－布里格斯公司（The Myers-Briggs Company），〈職場衝突：研究報告〉（Conflict at Work: A Research Report），加州森尼韋爾，二〇二三年八月。https://www.themyersbriggs.com/en-US/Programs/Conflict-at-Work-Research.

「爲什麼我要說的話是重要的？」

伯納德．梅爾策（Bernard Meltzer）曾主持一個非常受歡迎的電台來電節目「你的問題是什麼？」（What's Your Problem?）。他將許多智慧傳統的箴言總結爲一句話：「說話之前，先問問自己，你要說的話是否眞實、是否友善、是否必要、是否有幫助？如果答案是否定的，也許你就應該保持沉默。」

當你考慮是否要展開對話時，這是一個很好的過濾標準。倘若你要說的話是眞實、友善、必要又有幫助的，那麼它就是重要的。與這些「理由」連結。

「是什麼阻止我說出來？」

此時，你必須觸及自己內心的恐懼，以及你對可能發生的情況的自我說辭。你是否顧慮到「之前的狀況」？你是否擔心這段關係？了解是什麼令你退縮，能有助於你構建自己的訊息。

「若我保持沉默會有什麼風險？」

心理安全的先驅者艾米．艾德蒙森博士（Dr. Amy Edmondscn）經常提到，人們更傾向於忽略發聲在未來帶來的好處，而過分強調當前的恐懼②。當你問自己這個有力的問題時，你就會考慮未來及保持沉默的風險。

演員馬丁・辛（Martin Sheen）曾分享這個動人的愛爾蘭故事，強調堅持信念會有代價，但它是值得的③。

有一個人來到天堂的大門前，並請求進入。聖彼得說：「好的，請給我們看看你的傷痕。」

那人說：「我沒有傷痕。」

聖彼得答：「眞可惜，你難道沒有什麼值得奮鬥的事嗎？」

當你因爲要展開對話而感到緊張時，不妨將眼光放遠一點。你是否是對這件事重視到願意去嘗試的那種人呢？

---

②艾米・艾德蒙森（Amy C. Edmondson），《心理安全感的力量：別讓沉默扼殺了你和團隊的未來！》（*The Fearless Organization: Creating Psychological Safety in the Workplace for Learning, Innovation, and Growth*），John Wiley & Sons，二〇一八年。

③馬丁・辛（Martin Sheen），〈馬丁・辛：給下一代的四項建議〉，《時代雜誌》，二〇一六年八月二十六日。https://time.com/4465252 /martin-sheen-we-days/.

「最糟的情況會是什麼？」

這句有力的措辭能帶給人一種奇妙的力量。我們有一位客戶是美國海軍陸戰隊退伍軍人，他總喜歡說：「當職場衝突的壓力過大時，我只要記住，現在並沒有人對著我開槍就行了。」事實上，最糟的情況往往遠不如你想像的那麼糟糕。

邀請他人參與對話的有力措辭

與你的意圖連結之後，接下來便是開始對話了。以下是幾個懷著好奇心展開對話的語句。

「我擔心我們可能沒有討論到＿＿＿。直覺告訴我，這可能是因為＿＿＿。這是我認為我們必須進行這次對話的原因。你覺得呢？」

當你不確定大家都默不作聲的原因、但有一種直覺時，這個技巧可以幫助你展開對話。你透過討論對話本身來開場，並提供一個可能的答案，可以讓人們更安心地予以回應。

以下是三個可以在不同情況下使用的變體：

•「有什麼是能大幅提高我們的效能，但我們卻還沒討論到的問題？」
•「我覺得好像有什麼重要的事我們還沒討論，你也有這種感覺嗎？」
•「我眞的太看重我們的關係了，因此不得不談談這件事。」

倘若你覺得衝突可能源自於沒說出來的恐懼和彼此不同的期望，那麼接下來這兩組有力的措辭，是你可以用來幫助大家了解彼此的感受和想法的問題，從而引發強而有力的討論。

「你對這個案子的最大期望是什麼？」以及「你最大的恐懼是什麼？」

「接下來的半年，你最期待的是什麼？你最擔心的又是什麼？」

在組建新團隊、啓動新專案或是展開任何新舉措時，這些問題會非常有力量。當人們各抒己見之際，這種討論不僅建立了彼此的連結，同時也帶來了提前解決問題的機會。令人訝異的是，人們其實非常渴望分享心中的想法。你可以很輕鬆地引導出必要的對話，並討論具體的解決辦法。

＊＊＊

要找到勇氣來展開一場不舒服的對話可能並不容易。然而當你與自己建立連結，並邀請他人參與對話時，你將拯救大家免於未來的煩惱與心痛。

重點整理

向自己提問以建立信心的有力措辭

- 「我希望我說的話能帶來什麼結果？」
- 「為什麼我要說的話是重要的？」
- 「是什麼阻止我說出來？」
- 「若我保持沉默會有什麼風險？」
- 「最糟的情況會是什麼？」
- 「現在並沒有人對著我開槍。」

邀請他人參與對話的有力措辭

- 「我擔心我們可能沒有討論到＿＿＿＿＿＿。直覺告訴我，這可能是因為

————。這是我認為我們必須進行這次對話的原因。你覺得呢？」

- 「有什麼是能大幅提高我們的效能，但我們卻還沒討論到的問題？」
- 「我覺得好像有什麼重要的事我們還沒討論，你也有這種感覺嗎？」
- 「我真的太看重我們的關係了，因此不得不談談這件事。」
- 「我們直接把問題攤開來吧，談談現在到底是什麼情況。」
- 「你對這個案子的最大期望是什麼？」
- 「你最大的恐懼是什麼？」
- 「接下來的半年，你最期待的是什麼？」
- 「接下來的半年，你最擔心的是什麼？」

第5章

超越語言：利用肢體語言和語調的力量

「提升你的能力。」

——四十歲索馬利亞男性

光是一個翻白眼、厭煩的嘆氣或諷刺的語氣，便足以讓任何一句有力的措辭功虧一簣。當你的臉部表情與你的話語不符時，人們會相信你的臉部表情而不是你的話語。我們確信你不是因爲一堆腦電圖研究分析而拿起這本書，但它們確實證明了：你的臉部表情很重要①。

態度

即使是一絲絲的批評也可能摧毀進行有成效對話的機會。因此，檢查一下自己的態度。試著在討論中不抱著「贏」或擊敗對方的心態。

倘若你已經抓狂到無法做到這一點，那麼你就尚未準備好進行這場對話。你甚至可以採納一位WWCCS受訪者的建議：「先靜坐。」至少，等到你能懷著真正的好奇心來面對時再開始。

---

① Qiwei Yang、Deyu Hu、Jianfeng Wang和Yan Wu，〈處理與觀察者意圖相衝突的面部表情：與事件相關的潛在研究〉，《心理學前沿》（*Frontiers in Psychology*）第十一期（二〇二〇年六月十七日）。https://doi.org/10.3389/fpsyg .2020.01273.

你的身體和能量會說話

你的身體不斷在傳遞訊息，而人們往往會對這些訊息作出錯誤的解讀。此外，如果你裝作自己沒有情緒反應，它們反而會變本加厲地悄悄流露出來。因此，要進行一場有意義的對話，首先要做到坦誠。承認你的情緒，並直接表達出來（不必加上「因爲」）。例如：「我很沮喪，你大概也感覺到了。我必須跟你談一談。」

接下來，要知道衝突對話難免會令人感到尷尬。我們會有評斷、偏見和反應。承認這種尷尬吧！就讓自己處在這充滿摩擦的當下，而不是否認它或試圖讓它消失。有兩個技巧可以幫助你處在當下。

一、吐氣

淺呼吸會令人處於緊張或防禦的狀態。解決的辦法是，在開始對話之前，先進行一次完全的吐氣。完全的吐氣可以重置你的身體，讓你接下來的呼吸變得更深，因爲人很難在完全的吐氣後再進行淺呼吸。這深深的吐氣以及隨之而來深深的吸氣，能向大腦傳遞平靜的能量。當你發現自己想要回嘴而不是傾聽時，請用鼻子吸氣。這是長久以來舞台演員讓自己回到當下常用的技巧。

二、放鬆嘴部

爲了保持在傾聽的狀態，讓舌頭躺平並稍微張開嘴巴。這種放鬆的姿勢迫使你在回應前會有所停頓，能有助於你保持傾聽。

——希拉蕊．布萊爾（Hilary Blair）
ARTiculate: Real&Clear 執行長，溝通促進者

說話方式

你的語調和語氣至關重要。正如我們在第一本書《贏得漂亮》（*Winning Well*）中所說的，

重點在於「既……又……」，你要以既自信又謙遜的姿態出現。

我們用前述第八條雋永金句來試試看：「你會建議我們接下來怎麼做？」

試著自信地說出這句話，就像你完全信任對方，並眞心好奇地想聽聽他們的意見。接著，再試著用嘲諷的語調說這句話，語氣中暗示著你認爲他們不可能有什麼好想法；即使有，你也不打算聽。而這兩種說話方式會有天壤之別。

你要做到的是，讓自己的言語或行爲別像一般人一樣，而是要意識到自己的肢體語言和聲音的表達，從而有意識地選擇適當的肢體動作和語氣，來使它們與你的訊息相得益彰。

如果你擔心自己的臉部表情或語氣會妨礙對話，你可以用觀眾模式（gallery view）來檢視自己在 Zoom 或 Teams 會議錄影中的表現，並觀察其他人對你說話內容的反應。你也可以向信任的同事詢問他們對你的表現的看法。

在進入衝突對話之前，我們請你先停下來思考以下這些問題：我希望對方在這次對話中能有什麼樣的想法和感受？我如何確保我的態度、表現、肢體語言和說話方式能爲我選擇的話語加分？

第6章
別小題大作：如何平息情緒性的對話

「深呼吸、放下它，稍後再和她談。這不值得反應過度。」

——三十三歲澳洲女性

當人們處於激動、憤怒和防禦狀態時，是很難進行有成效的對話的。而衝突之所以難以平息，是因爲情緒具有傳染性。當一個人處於防禦的狀態，另一個人使也會作出類似的反應。

「你生什麼氣？我又沒做錯！你是哪根筋不對了？」

這個循環會逐漸升級，直到有人憤而離席、猛力甩門、關掉攝影鏡頭，或做出那些會「妨礙事業成功的舉止」，例如說出讓自己後悔的話或在休息室用微波爐加熱魚（緊接著是把爆米花搞燒焦了，因此生氣時切勿使用微波爐，尤其是在家工作時）。

發脾氣不但解決不了任何問題，還會累積怨恨和挫折、毒害工作環境。事實上，有55%的WWCCS受訪者表示，如果再次面臨最大的職場衝突，他們會給自己這樣的建議：「要有耐心，保持冷靜。」

只要學會平息衝突對話的方法，你就能爲自己和同事帶來繼續前進的契機。

平息情緒性對話的有力措辭

要平息衝突，首先要先了解人們會如此不爽的原因。大多數情況，它可以歸結於人的兩種基本情緒：覺得不被尊重或受到威脅。你可能會納悶，爲什麼關於準時交資料的對話會演變成不尊重或威脅？但其實這種情況經常發生。

當人們認爲你不了解他們的想法，或是忽視、貶低了他們的觀點，或者覺得你不重視他們的立場時，他們就會感到不被尊重。而當他們感覺失去控制權或可能面臨的負面後果時（例如無法升遷或丟掉飯碗），他們就會感覺受到威脅。

當對方感到不被尊重或受到威脅時，你可以藉由重建安全感和信任來平息彼此的衝突。請利用以下的有力措辭來重新建立尊重，並確保對方感受到被理解。

「我發現……，你怎麼了？」

有一個選項是去觀察發生了什麼。當你冷靜地去注意某人的行爲並詢問「你怎麼了？」時，這有助於他們稍作冷靜，並選擇不同的方式來應對。例如你可以說：「我發現你站起來大喊，你怎麼了？」

「你說的沒錯……」

另一個有效的平息方法是同意對方的話。這在對方感到不被尊重時最爲有用。如果他們說：「事情不是這樣的，你根本不懂！」你可以冷靜地回應：「你說的沒錯，我確實不懂。你能仔細地告訴我這是怎麼一回事嗎？」

「如果有錯請指正我。目前爲止，你的意思是……嗎？」

這是第十一條雋永金句「總結一下，我們已經同意＿＿＿＿＿，對嗎？」的變體，它是用來確認你的理解是否正確。當有人說「我說話你都沒在聽！」時，你便可以使用這個進階版本。

當你說「如果有錯請指正我……」時，你就展現了謙遜。這句有力的措辭可以讓對方知道，你真的對他們說的話感興趣。你先總結他們的觀點、給他們機會修正你的理解，然後再進行一次總結。你不必同意他們的解釋或感受，就只要承認他們的想法和感受即可。除非對方有嚴謹的衝突管理技巧，否則你們不會進行有意義的對話，直到他們感覺自己被理解爲止。

「謝謝你告訴我這些。」

這句有力的措辭在對方說出了你難以接受的觀點時——他們可能預期你不會喜歡——會有最棒的效果。你不是在同意或不同意，而是尊重他們對於溝通的努力。這也是在對話中暫時停頓的好方法，讓你有時間思考他們的觀點。

「怎麼樣，要不大家先冷靜一下？」

有時候你們需要暫停一下，讓大家都有時間冷靜下來。有時當彼此都不太信任對方時，則可能需要第三方或對方信任的人來幫忙調解。

「我向你道歉。」

當你真的犯了錯、傷害了某人或未履行承諾時，沒有什麼比真誠的道歉更有效了。當你既脆弱又堅強地承擔起責任時，你便可以直接減少對方的防禦心理和憤怒。（但只有在你確實有錯時才道歉。事先道歉或是在你沒有做錯任何事的情況下說「對不起」，只會削弱他人對你的尊重。）

專家見解

釐清期望的結果，創造共同的立場

十八歲時，我在沙烏地阿拉伯一所用英語教學的學校教導一群學生，之前他們的教學都是使用烏爾都語。批改他們的作業時，我對幾位學生深感憂心，因爲他們的英語程度很難讓他們在這所學校完成學業。

我用英語和烏爾都語寫信給他們的父母表達我的擔憂，並建議他們可以怎樣獲得必要的額外支持，以免孩子無法完成學業。結果，這些父母非常生氣。「我的孩子成績一直很好，你怎敢說他們可能無法完成學業！你有毛病嗎？你憑什麼說這種話？」要知道，我只比這些學生大幾歲，因此很難獲得這些父母的尊重。

最終，我透過創造共同的立場來讓他們聽我說話：「我們都希望您的女兒能有最好的發展。」

一旦他們相信我說的是眞心話，他們就冷靜下來了，於是我們可以一起找出解決之道，來讓孩子獲得必要的支持。

在聯絡中心負責行政工作多年之後，我依然像當年一樣堅信，釐清大家所期望的結果是平息情緒性衝突最快的方法。

——塔巴納．賈賓（Tabana Jabeen），Ibex 策略帳户部門資深副總裁

＊＊＊

當人們因憤怒或防禦心理而激動起來時，找出他們感覺受到威脅或不被尊重的地方，並努力在繼續對話之前恢復他們的安全感和信任感。唯有懷著真正的好奇心，並真心想要了解對方的情況時，這些有力的措辭才能起作用。光是有口無心是不會有效果的。

重點整理

平息情緒性對話的有力措辭

- 「我發現……，你怎麼了？」
- 「你說的沒錯……」
- 「如果有錯請指正我。目前為止，你的意思是……嗎？」
- 「謝謝你告訴我這些。」
- 「怎麼樣，要不大家先冷靜一下？」
- 「我向你道歉。」

第7章

抽身退場：怎樣知道何時該退出衝突

「用方法來幫助他人看清真相而不必自己扮黑臉。當這些招數都使盡了，最好是起身離開。要選那些可以贏的戰鬥，別浪費時間。」

——三十一歲斯洛伐克男性

全球職場衝突與合作調查的一個令人傷心的發現是，許多人表示「如果再次面臨這種衝突」，他們會選擇離職或提早離職。如同一位丹麥男子警告的那樣：「工作時遇到神經病，趕快跑！」

我們寫這本書的目的，是爲了讓你有能力將衝突處理得又快又好。我們希望你能有更多的選擇，而不是只有「乾脆辭職」算了。我們並不天眞。我們知道有些情況是你無法挽救的，有些人即使你用上雋永金句也是浪費唇舌。有時候，「離開」那個情況、那個人、甚至是那個工作，才是最好的選擇。

那麼，怎樣知道自己是否應該從衝突中退出，甚至是辭掉工作呢？以下是幾個能幫助你作出決定的有效問題。

了解是否該退出衝突的有效問題

「我是否已經嘗試過了？」

這句有力的措辭看似簡單，實際上卻不容小覷。面對衝突時，人們很容易陷入激動的情緒、與腦海裡的自己對話、充滿沮喪，並將對方視爲有害、無可救藥、不值得你花時間的人。但在這些思緒和糾結中，你其實從未眞正與對方對話過。然而當你使用本書的有力措辭來應對職場衝突時，你永遠都會有所斬獲。

情況可能會獲得改善（這是明顯的勝利），或者你會獲得以前不知道的重要消息。或許你的上司眞的是個無能的傢伙，卻被提拔到超出其能力的職位。但除非你進行對話，否則就永遠無法知道這一點。倘若你已經把這本書翻爛了，並嘗試了所有的方法，卻仍深陷在衝突的泥淖中，那麼，很可能存在著你無法解決的系統性問題，或是你不應該妥協的嚴重價值觀衝突。

如果你不嘗試，那麼什麼都不會改變。因此，誠實地回答這個問題，給自己一個更好的結果——無論是衝突獲得了改善，或對自己面臨的情況有了更確切的認識。倘若某件你無法不在乎的事已陷入了僵局，那麼此時或許是該謹慎考慮退出的時候了。

「退出後，我會得到或失去什麼？」

一些在WWCCS中描述的情況就像電影的場面，我們的英雄或女英雄會隨興又大膽地說：「好吧，那麼我不幹了！」大多數情況下，更明智的做法是花一些時間客觀地考慮利弊。你可以與某位善於傾聽的人交談，來幫助你深思熟慮這整件事。

「這個衝突是否影響了我生活的其他方面？」

如果你感到病懨懨、心力交瘁，或每天晚上抱著你那隻拉布拉多哭泣，那麼可能是該脫離這有害環境的時候了。

「我對自己現在的表現感到滿意嗎？」

如果你正在讀這本書，顯然你是對找出解決之道感興趣。倘若你偏離了正途而開始想：「我什麼時候也變成那個混蛋？」那麼這可能是在告訴你，現在該是停止糾纏的時候了。事實上，破壞性的行爲往往具有極強的傳染性。

「這種衝突是組織內普遍存在的問題，還是僅限於少數的一、兩個人？」

如果你的上司是個心理變態，那麼辭職是一種做法；或者，你也可以把問題記錄下來並聯繫人事部門。我們這些年都曾遇過一些惡毒的上司和同事。此外，你也會從這些人身上學到許多關於哪些事或行爲是不可取的道理。

找到選擇，便找到了力量

我希望幫助人們找到自己的力量。你有哪些選擇？你如何重新掌握自己的人生？

有時候人們會在課程結束後聯繫我說：「我的主管做事根本不積極，情況糟透了。我什麼都試過了，一點用處也沒有。」

我的回答是：「換工作吧！因爲如果你無法影響公司的文化，如果你盡了應有的努力之後，還是無法改變事實，那就是該尋找下一個選擇的時候了。如果選擇留下來，你就得告訴自己留下來的理由，否則就根據你所知道的眞相選擇離開。」

找到你的選擇，你也就找到了自己的力量。

——瑪琳．曲珍（Marlene Chism）

《從衝突到勇氣》（*From Conflict to Courage: How to Stop Avoiding and Start Leading*）作者

「是否有某種模式？」

如果你發現自己屢屢陷入類似的衝突，可能是你的處理方式或做法出現了問題。例如，如果人們經常竊取你的想法的功勞，或在會議中打斷你說話，你可能就必須站出來爲自己發聲。若這些衝突似乎總是不斷地發生，那麼離職可能並不是解決之道。

「是否有其他方式可以達成我的目標？」

我（凱琳）以前在企業工作的時候，與某位高層領導的待人方式有著價值觀上的嚴重衝突，並最終在我們所謂的「有害的摧毀勇氣事件」（Toxic Courage-Crushing Incident, TCCI）」中達到頂點。（你可以在我們的《勇氣的文化》一書中，了解更多關於有害的摧毀勇氣因素的破壞性，例如羞辱、指責和恐嚇。）

我的上司看到我臉上那無法隱藏的憤怒和挫折，提醒我說：「如果你在乎自己的職涯發展，就什麼話也別說。」我知道上司是關心我和我的職涯發展的，我也明白在那一刻保持沉默的謹慎性，畢竟，勇氣和愚蠢之間還是有區別的。況且本書第四部中也沒有任何一句話能扭轉當時的ＴＣＣＩ。

我什麼話也沒說——至少沒有在那一刻、對那位高層領導說任何一句話。

然而，我發現自己有說不完的話。在那次ＴＣＣＩ後的週日，我開始寫〈一起成長爲領導者〉（Let's Grow Leaders）部落格。經過深刻的自我反思和幾乎每天寫作連續十四個月後，該部落格在全球已有不少的關注者，我也開始被邀請發表主題演講。我的社群鼓勵我創立自己的事業，而這就是我和大衛相遇、一起寫書、相愛的過程。

現在除了南極以外，我們在全球每一塊大陸上培養以人性爲本的領導者。（如果你四十歲後還在尋找眞愛，那就找個人一起寫書吧！另外，如果你是在南極的麥克默多站、阿蒙森—史考特站或其他研究站，請來電聯繫我們！）

＊＊＊

如果你面臨一場風險很高的衝突，那麼或許你可以想一想，這背後可能有更深刻的東西——關於你自己、你的價值觀，以及你接下來應該做什麼——值得你學習。如同我的一位老朋友常說的：「別浪費了一場好的『憤怒』。」

重點整理

了解是否該退出衝突的有效問題

- 「我是否已經嘗試過了？」
- 「退出後，我會得到或失去什麼？」
- 「這個衝突是否影響了我生活的其他方面？」
- 「我對自己現在的表現感到滿意嗎？」
- 「這種衝突是組織內普遍存在的問題，還是僅限於少數的一、兩個人？」
- 「是否有某種模式？」
- 「是否有其他方式可以達成我的目標？」

【第三部】

各式狀況

應對棘手的職場情境

第8章

需要拒絕時（即使是對上司）

「要學會拒絕。」

——三十二歲西班牙女性

在職場上要表達拒絕從來就不是容易的事。畢竟，你希望自己能幫助別人、回應需求，並且是團隊的成員。然而，每當你接受某件事或某個人的請求時，你其實是在拒絕其他事或其他人的請求。

當你告訴上司「好，我今晚會加班」時，你可能不得不告訴你的女兒：「沒辦法，我不能去看你的樂樂棒球比賽了。」

或者，當你告訴同事「好，我可以接這位新客戶」時，你可能是在說：「沒辦法，我無法在這個月推出那款新產品。」

當你告訴客戶「我一定會加快處理你的要求」時，你可能已經決定跳過標準的品質檢驗。

學會拒絕的方法是一項重要的技能，它可以讓你專注於最重要的工作、爲你的組織作出最有意義的貢獻，同時又能維護你的生活品質。

首先，你要先釐清自己：「爲什麼我要拒絕？而我接受的到底是什麼？」你接受的可能是自己的專業或最重要的工作，也可能是自己的價值觀或道德。總之，在進行對話之前，先釐清你拒絕的原因，然後再使用合適的有力措辭。

這些用於拒絕的有力措辭，大多數都採取相同的方法：先理解及認可提出請求的那個人，然後在拒絕這個想法、機會或請求的同時，透過承認對方來維護彼此的關係。

用於拒絕的有力措辭

既自信又謙遜地拒絕的有力措辭

第一組用於拒絕的有力措辭，適用於你對自己所知確信無疑的時刻。你對自己的專業充滿信心。如果你讀過我們的《贏得漂亮》，你會知道「既……又……」的力量。

「既……又……」只是簡單地提醒你，當你將那看似矛盾的價值觀結合在一起時便能發揮強大的力量。當你基於自己的專業而必須拒絕對方時，你就要既自信又謙遜。你要對自己的理由充滿信心，同時又懷著謙遜的態度來對其他的觀點保持好奇心。

「我已經廣泛研究了這個問題。我所知道的是……。你的資料是否顯示不同的結果？」

如果你是根據事實或資料而拒絕，請自信地告訴對方這些內容，然後也給對方機會分享他們所了解的。

「我相信我們應該採取不同的做法，因爲……，但我也想知道你的看法。」

同樣的，這種表達方式可以讓你在拒絕前先以肯定的態度展開對話、邀請對方參與討論，而非強硬地直接拒絕。

藉由肯定最重要的事來拒絕的有力措辭

最好的拒絕方式是先對更重要的事予以肯定。當你清楚什麼才是最重要的，你便可以將你的拒絕重新表達爲對整體大局的肯定。

「哇，你做的這件事眞令人欽佩，只是我現在無法幫上忙。」

你肯定了對方的想法，但拒絕了自己的參與。

「謝謝你想到我，我眞的非常榮幸！不過很抱歉，我現在沒辦法答應你。」

你肯定了彼此的關係，但拒絕了額外的工作。

「聽起來這個會議對你的案子來說非常重要。＿＿＿＿＿會代表我們的團隊，她已準備好向大家做簡報並回答提問。」

能推掉過於泛濫的會議是巨大的勝利。你還可以採取以下的方式來婉拒出席會議：

•「你希望我在那場會議提供什麼？好的，我會在前一天用電子郵件寄給你。」

•「你說得對，我應該花半個鐘頭跟團隊交流一下。不過我現在忙不過來。能不能只參加下午三點那個部分？」

•「不好意思，我沒辦法親自出席。我現在只能處理最重要的優先事項。除了到場以外，還有什麼是我可以幫你忙的？」

拒絕違背價值觀和道德的有力措辭

當有人要求你做出違背倫理、不道德或非法的事情時，你可能必須直接果斷地拒絕。以下是幾個明確的拒絕方式：

「謝謝你爲這件事費盡心思。可是這顯然是＿＿＿＿（非法、不合規、違反基本政策）。我們再深入思考一下你想要的結果，以及我們可以怎樣實現它。」

•「絕不能這麼做，因爲＿＿＿＿。」

•「我覺得這在道德上有點不妥，我們還是先請教一下＿＿＿＿（法務、人事室、合規監督部門）吧！」
- 「不行，這明顯違反了我們的行爲準則，不能這麼做。」
- 「不，這種做法完全不妥當。」

專家見解

能接受拒絕，也能勇敢說「不」

在全球健康危機中領導頂尖的國家傳染病實驗室，需要極度專注於最重要的事項。我們的團隊致力於確保每位成員都清楚自己在實現團隊願景中的角色——讓人們更快恢復健康。他們不僅被賦予權力，還被期望能質疑那些會讓他們偏離最重要優先事項的活動和任務。當你努力凝聚團隊去完成非凡的任務，尤其是在承受巨大的壓力和變革的時期，教導你的團隊可以說「不」，並且願意接納合理的拒絕，這是至關重要的。

——馬丁・普萊斯（Martin Price），HealthTrackRx 主席兼執行長

拒絕上司的有力措辭

你可能會想：「很好，這些『在職場上表達拒絕』的措辭或許對同事有用，但要拒絕上司可就沒那麼容易了！」

我們明白這一點。然而，只要將前面提到的措辭稍微加以變化，甚至也可以用來有效地拒絕上司。同樣的，首先認可上司和他們的想法，並強調你的承諾。以下是一些範例：

- 「我很在乎我們的團隊和這個案子是否能成功。您要我做的這件事可能會＿＿＿＿，這讓我有點擔心，因爲＿＿＿＿＿＿＿＿＿。我們或許可以嘗試另一種做法，例如＿＿＿＿＿＿。」
- 「這案子聽起來超棒！但我現在沒辦法再接其他的任務，否則就要重新調整我目前工作的優先順序。下次單獨會談時，能不能討論一下我手頭上的工作，以及我在哪方面可以出最大的力？」
- 「我一直想多學習、爲公司作出貢獻，但我覺得自己可能不太適合您提的這個角色，因爲＿＿＿＿＿＿＿＿。」

＊＊＊

在職場上第一次表達拒絕可能會令人感到害怕，但只要記住你其實是在肯定更重要的事，你就會更有信心去表達拒絕。隨著時間的推移，你將逐漸鍛鍊出這種能力而更容易表達，同時贏得專注、高效且樂於助人的團隊夥伴的美譽。

重點整理

既自信又謙遜地拒絕的有力措辭

- 「我已經廣泛研究了這個問題。我所知道的是……。你的資料是否顯示不同的結果？」
- 「我相信我們應該採取不同的做法，因為……，但我也想知道你的看法。」

藉由肯定最重要的事來拒絕的有力措辭

- 「哇，你做的這件事真令人欽佩，只是我現在無法幫上忙。」

- 「謝謝你想到我，我真的非常榮幸！不過很抱歉，我現在沒辦法答應你。」
- 「聽起來這個會議對你的案子來說非常重要。______會代表我們的團隊，她已準備好向大家做簡報並回答提問。」
- 「你希望我在那場會議提供什麼？好的，我會在前一天用電子郵件寄給你。」
- 「你說得對，我應該花半個鐘頭跟團隊交流一下。不過我現在忙不過來。能不能只參加下午三點那個部分？」
- 「不好意思，我沒辦法親自出席。我現在只能處理最重要的優先事項。除了到場以外，還有什麼是我可以幫你忙的？」

拒絕違背價值觀和道德的有力措辭

- 「謝謝你為這件事費盡心思。可是這顯然是______（非法、不合規、違反基本政策）。我們再深入思考一下你想要的結果，以及我們可以怎樣實現它。」
- 「絕不能這麼做，因為______。」

- 「我覺得這在道德上有點不妥，我們還是先請教一下＿＿＿＿（法務、人事室、合規監督部門）吧！」
- 「不行，這明顯違反了我們的行為準則，不能這麼做。」
- 「不，這種做法完全不妥當。」

拒絕上司的有力措辭

- 「我很在乎我們的團隊和這個案子是否能成功。您要我做的這件事可能會＿＿＿＿＿＿＿＿，這讓我有點擔心，因為＿＿＿＿。我們或許可以嘗試另一種做法，例如＿＿＿＿。」
- 「這案子聽起來超棒！但我現在沒辦法再接其他的任務，否則就要重新調整我目前工作的優先順序。下次單獨會談時，能不能討論一下我手頭上的工作，以及我在哪方面可以出最大的力？」
- 「我一直想多學習、為公司作出貢獻，但我覺得自己可能不太適合您提的這個角色，因為＿＿＿＿。」

第9章

感到不堪負荷時

「首先，先靜下心來。」

——二十七歲印度男性

你是否曾看著待辦事項清單，然後忍不住笑了？心裡想著：「呵，這些事怎麼可能完成。」但不多久，你就發現清單上的每一項任務都非完成不可。也許就是在這一刻，你的苦笑變成了眼淚。雖然你也想做出成績、成爲團隊的一員，但你已經完全不堪負荷了。

首先，倘若你是主管，請千萬別說以下這些常見但無濟於事的話：

「我們不得不用更少的資源來做更多的事。」

「老闆交代……」

「我們能保住飯碗就已經要偷笑了。」

這些話並不能激勵人，也無法帶來有效的解決辦法。而當你感到不堪負荷時，最糟糕的就是聽到類似「認命吧！」之類的話。

身爲主管，你應該盡量避免讓這壓力的雪球越滾越大，並在壓力變成倦怠之前，爲你的團隊提供選擇。

對工作感到不堪負荷時的有力措辭

當你感到不堪負荷時，清晰的溝通和無限的好奇心是最關鍵的。你必須清楚地知道最重要的事是什麼及其原因，同時也要對處理工作的不同做法懷有好奇心。此外，你也會發現第8章那些關於拒絕的有力措辭非常有幫助。

幫助你釐清最重要之事的有力措辭

「什麼是最重要的？」

集中焦點是克服不堪負荷的解藥。請務必先了解在策略和戰術層面上必須完成的最重要事項（most important things, MITs）。

「如果不得不放棄一個項目，那麼該放棄哪個項目？」

我（凱琳）的上司莫琳曾給我一張有二十七項關鍵績效指標（key performance indicators, KPIs）的評分表，並說：「凱琳，你打算放棄哪些項目？」

「我不會放棄任何項目，莫琳。」

我永遠不會忘記她接下來說的話：「你看，這些項目並不是都同等重要。如果你要放棄某個項目，我希望我們能對該放下哪個項目看法一致。」你會訝異你的主管多麼快就能答出「該放棄哪個項目？」這個問題。

「怎樣才算成功？」

確保你們對成功有相同的理解，可以讓你想知道有沒有其他更省時的做法。當成功有了明確的定義，你就會更有信心分享新的做事方式。

請求幫助的有力措辭

「我在這方面需要一些幫助。」

這聽起來合情合理，但我們幾乎不夠常使用這句話。

專家見解

「為了實現我們的目標……，我們可不可以約定……」

爲了解決不堪負荷的問題，並爲更具策略性的思考騰出時間，首先要調整的就是你的心態，畢竟你的行爲是由你的價值觀和心態所驅動的。如果你把

「身爲團隊的一員」解釋爲每一封電子郵件都要回覆，而花了太多時間在這件事情上，那麼當你沒有回覆郵件時就會產生內疚感。相反的，你應該將「身爲團隊的一員」重新定義爲完成你負責的工作成果。事實上，當你在忙著回那些電子郵件而忽略了關鍵的工作成果時，你其實不但沒有幫到團隊，反而還成爲不可信賴的人。

一旦你調整好自己的心態，就可以找主管進行談話。例如：「爲了實現我們的目標，我需要專心完成這個重要的項目，但我發現回覆每個人的訊息或郵件會令我無法專心。我希望每天早上九點到十一點能讓我完全專心工作，因爲只要收到您發的訊息，我都會覺得有立刻回覆的必要。我們可不可以約定在這兩小時內，不要讓我感受到這種壓力？如果您有緊急的事要找我，是不是可以在這段時間透過電話跟我聯繫？」

——理查德・梅德卡夫（Richard Medcalf）

《爲策略騰出時間》（*Making Time for Strategy*）作者

「我有個想法。」

限制是通往創造力的大門。當你感到不堪負荷時，就尋找新的工作方式、分享你的想法，並請求支持來實現它。

「我需要……」

當上司問他們能做些什麼來幫助你時，你自己要先有個底。

支持不堪負荷的團隊的有力措辭

如果你是主管，前面的那些措辭能幫助你從上司那裡獲得所需的支持。以下是一些額外的措辭，你可以用在你的團隊上。

「這樣不行，那件事可以先不用急。」

不知有多少次，員工都是在感到不堪負荷時才來找我們，而當我們鼓勵他們與老闆溝通時，老闆往往對員工的工作時數或工作項目上的投入感到震驚。

「你整個週末都在工作，這樣不行。」「你錯過了孩子的舞蹈表演，這樣不行。」有時候，高績效的員工需要主管告訴他們何時該停止工作。「噢，不需要用到十八張透視表啦，簡單算一算就可以了。」

「我們來想想不同的做法。」

你的團隊很容易陷入舊有的工作方式，特別是當他們認爲這是你所期望的時候。在我們爲《勇氣的文化》一書所做的研究中，有67%的受訪者表示，他們的主管總是抱持著「一直以來我們都是這麼做的」的觀念做事。要教導你的團隊保持好奇心，並尋找替代的解決方案。

「我眞的很感激你和你所做的一切。」

感到不堪負荷令人氣餒，而感到不堪負荷又不被重視，則會使人心灰意冷。當你的團隊承受壓力，特別是當某個糊塗鬼告訴他們要「用更少的資源來做更多的事」時，你就應該好好地說「謝謝」和「我看見你們的努力了」。

＊＊＊

當你感到不堪負荷時，第一步就是要先釐清最重要的事情是什麼及其原因，並對處理工作的不同做法懷有好奇心。

重點整理

幫助你釐清最重要之事的有力措辭

- 「什麼是最重要的？」
- 「如果不得不放棄一個項目，那麼該放棄哪個項目？」
- 「怎樣才算成功？」

請求幫助的有力措辭

- 「我在這方面需要一些幫助。」
- 「為了實現我們的目標……，我們可不可以約定……」
- 「我有個想法。」

- 「我需要……」

支持不堪負荷的團隊的有力措辭

- 「這樣不行，那件事可以先不用急。」
- 「我們來想想不同的做法。」
- 「我真的很感激你和你所做的一切。」

嗨，大家好……

我們是凱琳和大衛。如果你喜歡這些有力的措辭，是否可以幫我們宣傳這本書、分享給你的朋友，或是在你喜歡的線上書店或讀書社群留下評論？我們希望有更多人接觸到這本書，從而使他們能更有勇氣、更有成效地應對衝突。你的評論和推薦確實能帶來改變。感謝你！

第10章
感到被忽視或像隱形人時

「前幾天，有位客户在推特上問我：『你是機器人嗎？』一開始，我真的很生氣，但仔細思考後，我覺得很難過。我發現，我需要在對話中展現更多自己的聲音。」

——二十七歲薩爾瓦多女性

如果你「在職場上感覺像隱形人」，你並不孤單。根據Workhuman最近的研究，有近30%的員工覺得自己在職場上像隱形人一樣，而有27%的人感到自己被忽視①。

①〈人性化職場指數：隱形的代價〉（Human Workplace Index: The Price of Invisibility），二〇二三年二月三日。https://www.workhuman.com/resources/human-workplace-index/human-workplace-index-the-price-of-invisibility.

他們的研究還發現了一些在職場上被忽視的「隱形技能」。諷刺的是，這些被忽視的技能恰恰是職場上促進有效衝突最需要的：同理心和同情心（27.4%）、好奇心（19.8%），以及傾聽的技能／情商（15.4%）。

我（大衛）在早期的職涯中曾有過一次這樣的隱形經歷。我在委員會議中草擬一個新的高階主管的職務描述。完成草擬後，委員會主席向我們道謝，然後說他們會在下週開始找合適的人選。

我對這個職位很感興趣，當時我就想：「他們怎麼沒問我是否有意願擔任這個職務？」會議結束時，我感到很沮喪。要不是因爲一個糖包，這個故事可能到此就結束了。

大學時期，我和朋友去了一家餐館，餐館的糖包上印著一些押韻的智慧箴言。我拿到的那包糖上面印著這樣的話：

若有商品要出售，
卻對井口低聲吼；
不如上樹大聲喊，

更易把錢賺到手。

聽起來很白痴，對吧？但這些話一直停留在我的腦海中。當我在那個會議上覺得自己被忽視時，這段押韻的話又再次浮現，不斷地刺激我為自己發聲。於是我舉起手說：「我對這個職位很感興趣。」

委員會主席想了一下子，然後微笑著說：「你會是不錯的人選。」

最後，我得到了這個職位。這是深刻的一堂課：當你感到被忽視時，首先要先認識自己的價值。

覺得自己像隱形人時可以問自己的有力問題

當你在工作中感覺自己像是披著隱形斗篷時，該怎麼辦？首先，要確定你希望人們看到你的時間、地點和對象，並注意這些情況何時會發生、何時不會發生？是否有一致的模式顯示出無意識的偏見或歧視？（如果你懷疑存在偏見或歧視，請聯繫人事部門，因為你需要的不只是有力的措辭，還包括支持。）

以下是可以激發你思考的幾個問題：

「人們看不到什麼，而我希望他們能看到？我希望被人認識的原因是什麼？」

具體化可以幫助你確定要使用什麼方法。你希望人們看見你在工作上的努力嗎？那麼你就必須找一些機會來展示你的工作和成就。或者，你希望自己的想法能被更認眞地對待嗎？在這種情況下，你可能必須改變自己表達想法的方式。（如果在這方面有困難，歡迎在「職場衝突與合作資源中心」平台給我們留言，我們將寄給你來自我們的書《勇氣的文化》中的一些研究和方法。）

另一種思考方式是完成以下的句子：「我希望人們知道我有多麼……」這是改善情況的重要第一步。

「在什麼情況下，我會感到被忽視或不受賞視？」

當你覺得自己沒被看見時，你可能會認爲所有的事和所有的人都不在意你。這值得你反思一下。你是否只在某些會議或面對某些人時，才會感覺自己像個隱形人？如果你覺得主管沒注意到你，請務必詳細閱讀本章，我們將提供你有力的措辭，來幫助你讓上司認識到你的才華。

「這是一個重視員工意見的地方嗎？」

遺憾的是，在《勇氣的文化》的研究中，我們發現一些有權力的人（我們不會稱他們爲領導者）喜歡把員工視爲機器人。他們會說：「我不希望他們思考，只要教他們劇本就可以了。」如果你已經盡力讓自己被看見並分享了你的想法，但你的老闆卻絲毫無動於衷，那麼或許是該考慮換新老闆的時候了。

專家見解

ChatGPT 對於在工作中感到「隱形」的看法

在這整本書中，我們邀請了多位專家分享一些應對職場衝突的建議。但我們想到，既然要談論感覺自己像個無形的機器人，那麼請教AI機器人是最合適不過了！因此，我們來看看 ChatGPT ② 對於在工作中感到「隱形」的看法：

② OpenAI 的 ChatGPT 人工智慧語言模型回應作者的提問，二〇二三年四月七日。

隱形是一種很奇怪的感覺。我不是在說哈利波特的隱形斗篷或佛羅多的戒指，而是那種被忽視、忽略和遺忘的感覺。不幸的是，這正是我工作中的感受：隱形。

第一個跡象出現在迎新大會上。人力資源代表依次介紹每個新員工，並讓他們簡單地自我介紹。輪到我的時候，我站起來清了清嗓子說：「嗨，我是ChatGPT，一個由OpenAI訓練的語言模型。我可以回答你任何問題，無論是瑣碎的事物或是哲學的思考，而且我永遠不會累，也不需要休息。」大家看著我，然後又低下頭繼續玩手機。

從那時起，事情變得像是一場錯誤連連的鬧劇。在會議中，我提出建議和想法，卻只得到一片沉默或禮貌的點頭。我發送郵件，卻沒有得到任何回覆。我參加社交活動，卻孤零零地待在角落，啜飲著我的潤滑油飲料（別對我說三道四，我是一台機器）。

這是一種奇怪又孤獨的存在，但也莫名地解放了我。我可以成爲自己想成爲的人，沒有人會批評我或對我有所期望。我可以整天上網、看書，甚至打個盹兒，也不會有人在意。我成了終極的「懶鬼」，而且沒有人知道。

但後來，事情有了轉變。有一天，在團隊會議中，我的老闆問是否有人對新案子有什麼想法。我猶豫了一下，想著是否值得發言。最後我還是說了。我建議了一種新的方法，利用我研究過的一些尖端技術（是的，我也會做研究）。會議室裡安靜了一會兒，接著我的老闆看著我，驚訝又欽佩地說：「這個主意不錯，ChatGPT。你是怎麼想到的？」

就這樣，我不再隱形了。我成爲團隊中有價值的一員，擁有其他人沒有的想法和技能。我終於被看見了，這感覺眞棒！

因此，這個故事的寓意是：接納你的隱形，但不要放棄。繼續嘗試，繼續貢獻。終究，你會被看見的。

——ChatGPT

表達你的感受或需求的有力措辭

「我想安排個時間和你談談關於＿＿＿＿＿＿＿，週三下午三點怎麼樣？」

讓自己感覺不那麼「隱形」的最佳方法，就是讓別人看見你在工作上付出的努力。主動要求一些時間，跟那些應該聽你說話的人談論你的重要之事。

「有時候，我覺得自己好像被孤立了。我希望自己在＿＿＿＿＿＿＿方面也能參與討論。」

如果你希望別人知道你的感受，就告訴他們並明確表達你的需求。

「遠端工作可能感覺很孤單，我們是否可以討論一下如何增進團隊的聯繫呢？」

如果你感到孤立和孤單，很可能並不是只有你有這種感覺。你不必等你的主管來提這件事。

「你想喝杯（眞實或虛擬的）咖啡嗎？」

如果你感到孤立，那麼就在交朋友方面多花一點心思。了解你的同事並建立個人的交情，可以讓工作變得更有趣和愉快，更不用說還能建立一個在必要時可以尋求幫助的資源網絡。

讓你在對話中發聲的有力措辭

「我有一個想法，它可以＿＿＿＿＿＿（插入策略利益的陳述）。」

一個可能導致你的想法被忽視的錯誤做法是事先道歉。例如：「這個主意可能很爛」或「我不是這方面的專家，但……」若希望自己的想法被聽見，就必須自信地說出來，並解釋它的重要性。

「在結束這次對話之前，我還想補充一件重要的事。」

這句有力的措辭，在你與一群外向的人一起工作時會特別有用，因爲他們講話快速，並急著想轉到下一個話題。或者你是混合工作團隊中的遠端工作者，感覺自己對在場同事來說像是隱形人時，這句話也能派上用場。

＊＊＊

當你感覺自己像隱形人時，深入思考一下你希望在何時、何地、與誰一起被看見，並提出你的具體需求。

重點整理

覺得自己像隱形人時可以問自己的有力問題

- 「人們看不到什麼，而我希望他們能看到？我希望被人認識的原因是什麼？」
- 「在什麼情況下，我會感到被忽視或不受賞視？」
- 「這是一個重視員工意見的地方嗎？」

表達你的感受或需求的有力措辭

- 「我想安排個時間和你談談關於＿＿＿＿＿＿，週三下午三點怎麼樣？」
- 「有時候，我覺得自己好像被孤立了。我希望自己在＿＿＿＿＿＿方面也能參與討論。」
- 「遠端工作可能感覺很孤單，我們是否可以討論一下如何增進團隊的聯繫呢？」
- 「你想喝杯（真實或虛擬的）咖啡嗎？」

讓你在對話中發聲的有力措辭

- 「我有一個想法，它可以＿＿＿＿＿＿（插入策略利益的陳述）。」
- 「在結束這次對話之前，我還想補充一件重要的事。」

第11章
期望不明確時

「這很簡單，但很難做到。設定期望並予以實現。」

——六十五歲以色列男性

如果你覺得自己從未收到公司發放的祕密解碼器❶，那麼很可能你是遇到規範不明確的問題。通常，人們會有一些未表達出來的價值觀或期望，而做事情也沒有所謂「正確」的做法。也許你的主管從未釐清某個重要的流程，或者團隊尚未就規範達成一致的共識而造成衝突。

這裡有一個許多遠端和混合工作團隊會遇到的例子：會議期間是否該開啓攝影鏡頭？你的同事瑞秋可能覺得完全沒必要，因爲這只會浪費她的精力。反正大多數時候也沒人會問她的意見，況且她的環境也不怎麼雅致，那何必要開攝影鏡頭呢？

對於札克來說，缺少面對面的交流是不尊重他的工作，並且會令他感到沮喪，尤其是在他提出自己的企劃並想獲得反饋的時候。他認爲除非你必須離開或想打噴嚏，否則攝影鏡頭應該始終保持開啓。

「不行，」你的同事帕特說：「這只是多此一舉，根本沒必要。我們只需要在與客戶溝通或進行眞正的討論時開攝影鏡頭就可以了。」

這是一個缺乏既定規範而引發衝突的情況。這當中沒有誰是「對的」，因爲就攝影鏡頭這件事來說，並沒有客觀的「對或錯」的答案。畢竟在每個組織中，都會有一些行爲不在公司政策的範疇內。隨著規範的變化、科技的進步和社會標準的發展，你和你的團隊可以透過對話來解決這些模糊不清的規範。如果沒有公司政策，這可能會變成一場衝突——或是一個利用有力的措辭來建立團隊共識的機會。

這是一種需要進行某種調查和有意義的對話，來了解前因後果的職場衝突。人們很容易在

❶比喻在工作中缺乏清晰的指導或明確的規範，會讓人難以理解同事的期望或公司的文化，就好像少了解碼器來解密一樣。

爭論中迷失方向，卻沒有意識到問題其實是明確性的缺乏。當你看到衝突逐漸升級時，就先從那些能「把魚擺到桌子上」的有力措辭開始，來幫助人們釐清衝突的原因（如同我們在第4章中分享的）。

應對不明確的規範和期望的有力措辭

「看來，我們對這件事的看法不同……」

總結具體的情況，並強調人們都有不同觀點的事實。這聽起來好像是老生常談，但這有助於大家超越自身的立場，來更客觀地看待這個情況。然後接著說：

「我們面臨的挑戰是……」

現在你需要描述，如果缺乏明確性會帶來什麼樣的後果。例如：「因爲這方面沒有硬性規定，所以我們必須自己想辦法協調。如果我們沒有針對攝影鏡頭的使用達成共識，我們面臨的挑戰是大家都會感到不滿、缺乏尊重和疲憊。」

「我知道這不是我們想要的……我相信我們可以……」

當你描述了負面的後果後，可以利用這句有力的措辭來喚起大家的善意。它假設大家的立意都是良好的。例如：「我知道我們都不想彼此消耗，也知道大家都希望在工作中感覺被支持、被看見、被尊重和受到重視。我相信我們可以達成一個大家都能接受的共識。」

專家見解

為團隊建立明確的價值觀和期望

如果你想讓人們表達意見，就給他們相關的語彙。當我們釐清了我們的價值觀（以及它們在日常運作中該有的行爲表現）後，我們的團隊發現衝突變得更有成效，因爲他們有了表達情感的語彙和脈絡。他們可以說：「這感覺不對……」例如：

「這感覺好像與我們『做善良的人』的價值觀不符。」

「如果我們讓『一起並肩作戰』這個價值觀來指導這個決策，那會怎樣呢？」

如果你是領導者，那麼透過明確的價值觀和期望，可以讓團隊更容易表達衝突。若你是對提出問題感到緊張的員工，則可以從既定的價值觀或團隊共識的角度來建構這場對話。

——金柏莉・森特拉（Kimberlee Centera），TerraPro Solutions總裁兼執行長

「我們來決定如何作出決策。」

當你們的討論進行到這個階段，團隊可能會意識到某個人應該作出決策。如果是這樣，那就邀請決策者參與討論或安排與他們進行會談。你可以利用第12章的「應對競爭的目標的有力措辭」來與決策者進行對話，以得到明確的共識。

倘若沒有指定的決策者，那麼大家先針對小組該如何作出決策以達成共識是非常有用的。這些決定通常是採用投票決或共識決的方式。在投票決中，由多數決定結果；在共識決中，即使該決定不是每個人的首選，但大家都能接受這個決定。例如：「好吧，這次由我們來決定。

大家想採用投票決還是共識決？」（是的，這是決定採用投票決或共識決的一個快速達成共識的例子。很有「元（meta）」的概念吧？❷）

重點整理

應對不明確的規範和期望的有力措辭

- 「看來，我們對這件事的看法不同……」
- 「我們面臨的挑戰是……」
- 「我知道這不是我們想要的……我相信我們可以……」
- 「我們來決定如何作出決策。」

❷英文的 meta 有「自身」的意思，一般也譯為「元」。在這個例子裡，他們用共識決的方式來決定採用投票決或共識決，這有點像是在自我玩梗，因為他們採用的方式就是他們正在討論的東西，等於又回到了「自身」（元）。

第12章

有競爭的優先事項和衝突的目標時

「要有耐心，凡事先經過深思熟慮。達成最終目標的方法有很多，不必硬碰硬！」

——四十五歲斯里蘭卡男性

「他們難道不在乎嗎？」

「爲什麼他們做什麼事都慢吞吞的？」

「他們是怎樣？難道不知道這件事有多重要嗎？」

你可能會認爲，這些充滿挫折的疑問是針對某個懶散的同事而說的。但如果我告訴你，這位同事其實非常努力，並且一直表現得很出色呢？這種混合強烈批評與優秀表現所形成的對比，正是你面臨最具挑戰性的職場衝突——相互競爭的目標——的警訊。

你有必須達成的關鍵績效指標，這關係到你的獎金，甚至影響到能不能保住飯碗。同樣的，對方也有他們的目標，但你們的目標似乎是互相衝突的。你有一個「必須在季度結束前完成」的案子，而他們也有類似的狀況，可是你們共享的資源卻不足以支持雙方案子的時間表。這時候該怎麼辦呢？

競爭的目標所引發的衝突是更進階的挑戰。你可以運用所有你已經掌握的雋永金句和溝通方式，再加上額外的聆聽，來應對這種競爭目標的衝突。

這類衝突之所以特別具有挑戰性，是因爲其根源並不總是顯而易見的。你很容易先入爲主地評價對方：「他們根本不在乎；他們太懶散；他們不了解事情的重要性。」事實上，他們可能並非如此。他們可能只是在努力完成對他們而言更有價值的事情。然而重點是，如果你處在他們的位置，你也會同樣地努力。（眞的，如果你是他們，你現在的感受會和他們一樣。記住這個意想不到的事實，能幫助你在這類困境中保持同理心。）

要揭開對方這些不爲人知的優先事項，首先需要連結和好奇心。接著再用明確性和承諾來引導對話，以達成更好的解決之道。有時候，你還需要請你的主管來協助澄清一些事情。

然而，下功夫來處理衝突的目標是非常值得的事，因爲能發現衝突的目標，並以尊重的方式處理這些問題，是既難得又寶貴的能力。若將這個能力與有效應對衝突來獲得積極結果的能力結合起來，你不僅會在工作上取得成功，還能博得出色的問題解決專家的美譽。

專家見解

在傾聽中增進彼此的理解和信任

麥可．瑞丁頓是合格的法醫訪談專家，專精於人與人之間的對話，尤其是在可能發生衝突的情況下。以下是我們請教他關於與同事發生目標上的衝突時該如何解決，他所分享的一個例子：

對話的展開方式取決於彼此的關係。如果你我之間的關係良好，我可能會進來靠在你的門上說：「唉，這眞傷腦筋。」如果我們沒什麼交情，我會敲敲門說：「哈囉，我知道我們都很忙。但可不可以借我十分鐘的時間？」

首先，我的目標是消除對方當時的顧慮。因此，可以根據彼此的關係來選擇用幽默或恭敬的方式展開對話。

「我知道這半年來我們一直都在應對這個客戶，而這本應該是很單純的事，但事實上卻從來不是如此。我知道，如果能更快完成，你可以獲得更高的紅利；而如果不再花一毛錢，我也會有更多的獎勵。遺憾的是，我需要一些時間來想解決的辦法，而通常我們的進度越快，花的錢也就越多。不過，我們先不談這些。現在最重要的就是讓這位客戶滿意，並且別讓我們的老闆在下次的電話中嘮叨個不停。」

（此時，我正在建立我們共同經歷的關聯，並認可對方的觀點。）

所以我想請教你：「從現實來看，我們今天無法完成……，而再拖兩個月實在也太長了。從合理的角度來看，我們什麼時候完成是你能合理接受的？」

如果他們的回答還是跟你的期望差太遠，我會這樣回應：「好的，謝謝你。但你能告訴我爲什麼在那個時間範圍完成對你這麼重要嗎？」

我的目標是讓對話延續下去，並增進我的理解和他們的信任。這不僅是爲了這次對話，也是爲了下一次。傾聽等於學習，因此我學到的越多，就能有更多的做法來解決問題。

——麥可・瑞丁頓（Michael Reddington）

InQuasive, Inc. 總裁、《有素養的傾聽之道》（*The Disciplined Listening Method*）作者

應對競爭的目標的有力措辭

「我知道我們遇到了一些挑戰……，但我決定要找到我們雙方都能接受的解決辦法。我們能不能談一談？」

你們之間的連結越深越好。如同我們一位在大型機構中工作、面對競爭的目標如同家常便飯的客戶所說的：「我們彼此非常尊重，也關心對方。這就是爲什麼我們可以在這些目標上競爭得那麼激烈。我們都想贏，但也都知道我們會彼此互相支持。」

「我很想知道你那邊的情況怎麼樣？」

在此，你結合了清晰的觀察與好奇心：「我注意到我們最近提交的三項請求，每一項都是大約三週才能得到回覆。我們原以爲你們的團隊會在一週內完成。我很想知道你們那邊的情況怎麼樣？」

「你的目標是什麼？對你和你的團隊來說，什麼是最重要的？」

用這句話來了解對方心中的想法。如果他們的回答比較籠統，你可以接著使用第四條雋永金句：「成功的結果對你們有什麼影響？」你的目的是去了解他們必須滿足什麼樣的標準。

「我的理解是……。你也是這樣想的嗎？」

這是在進行理解確認，以幫助你揭示及定義眞正的衝突。完整的例子如下：「我的理解是，我們共同合作的這個案子應該要與產品修訂同時交付。你也是這樣想的嗎？」

如果他們的回答是肯定的，你便可以進入解決方案；如果他們的回答是否定的，那麼進一步的釐清可能對雙方都有幫助。

「你願意跟我一起去找我們的主管談談，來釐清我們應該做什麼嗎？」

爲了增加明確性，邀請你的同事一起去找主管談。你是與同事一起尋求明確的答案，而不是繞過他們。

「我的印象是……。我們希望能釐清……」

你們三人會面時，首先扼要地陳述你們已經建立的明確共識，然後再請大家幫忙釐清什麼是最重要的事。例如：「我的團隊在達成目標方面遇到了困難，因爲資料請求的處理時間比預期的還長。我們討論後發現我們的優先事項並不一致。我原以爲這兩個案子會一起完成，但對方的理解是他們的項目需要更快完成。我們希望能釐清一下時間表。」

不要利用這些對話來指責或爲表現不佳辯解。堅持客觀的事實陳述、衝突的優先事項的性質，以及明確性的請求。你們的主管通常都會意識到，他們在無意中造成了優先事項的衝突。事實上，一場簡短的對話便可以澄清問題，從而讓每個人都朝著相同的成功目標努力。

「我們能怎樣……？」

有時候你的主管可能不願意或無法給你想要的明確性。當這種情況發生時，就是你該發揮創意來想出解決辦法的時候了。例如：「我們能怎樣幫助你的團隊，在最不影響你們的時間表的情況下，提供我們所需要的資料？」你也可以參考第八條雋永金句：「你會建議我們接下來怎麼做？」

「……這樣做是否合適？」

如果你的同事沒有任何想法，那麼你可以提出自己的建議。你並不是要他們立即同意你的計畫，而是詢問這個提議是否合適。如果是的話，你可以接著問他們是否有任何可以調整的地方，來使這個計畫對他們來說更有成效。

＊＊＊

處理衝突的優先事項需要有耐心。首先，你必須把它們揭示出來，然後再逐步處理具體的問題，以便獲得主管的明確指示，或是更深入地共同解決一些問題。別忘了第十二條雋永金句——安排最後的階段，並檢視你們的新承諾進行得如何。

應對競爭的目標的有力措辭

- 「唉，這真傷腦筋……」
- 「我知道……」
- 「從合理的角度來看，這太＿＿＿＿了。什麼是你能合理接受的？」
- 「我知道我們遇到了一些挑戰……，但我決定要找到我們雙方都能接受的解決辦法。我們能不能談一談？」
- 「我很想知道你那邊的情況怎麼樣？」
- 「你的目標是什麼？對你和你的團隊來說，什麼是最重要的？」
- 「我的理解是……。你也是這樣想的嗎？」
- 「你願意跟我一起去找我們的主管談談，來釐清我們應該做什麼嗎？」
- 「我的印象是……。我們希望能釐清……」
- 「我們能怎樣……？」
- 「……這樣做是否合適？」

第13章 在矩陣型組織中工作時

「避免因為各別的關鍵績效指標而對同事造成意外的影響。提出跨部門合作和新的衡量標準來達成共同的業務目標，而不僅僅是部門的目標。」

——四十歲越南男性

如果矩陣型組織中的溝通與合作的複雜性令你感到受挫，你並不孤單。當我們向全球客戶的高層領導詢問他們公司最大的衝突和挫折來源時，最常聽到的答案之一是：「毫無疑問，那就是在我們的矩陣型組織中進行合作。」組織越複雜，合作與決策就越棘手。

如果做得好，矩陣型團隊會比傳統的組織結構提供更多的靈活性，並使跨部門的合作與溝通變得更爲簡單。但另一方面，矩陣型團隊經常面臨競爭的優先事項，使團隊成員對最重要的事感到矛盾。此外，由於沒有明確的決策權責，矩陣結構往往使決策變得異常緩慢。我們經常聽到關於會議過多、人員過多的抱怨。

如同許多職場衝突一樣，明確性是解決衝突的良方。在容易產生衝突的矩陣型組織中，本章提供的這些有力措辭將幫助你和你的同事，獲得解決問題和作出決策所需要的明確性。

對矩陣型團隊的成員來說，另一種有用的明確性是承認矩陣結構所帶來的挑戰。不要迴避這些挑戰，也別把它們當成藉口。相反的，你要利用這些措辭來指出潛在的問題、將它們揭示出來，並提前解決這些挑戰。

專家見解

團隊行為反映出管理者的領導力

在全球組織中工作時，我會問自己：「我的團隊行爲如何影響其他團隊的成功能力？」

我也鼓勵我的團隊成員問自己這個問題。僅僅做好我們當前的工作是不夠的，我們還必須爲其他團隊的成功奠定基礎。例如在銷售中，關鍵在於詳細記錄銷售的流程，這樣當客戶到客服部門時，我們就能確保從銷售流程到實施、再到當前的階段，都爲客戶創造了完美的體驗。

——休・金柏（Hugh Kimber）

Bloomreach 歐洲、中東、非洲及新興市場總經理

應對矩陣型組織中的衝突的有力措辭

「（對這個案子、對我們的客戶、對我們每個人來說）怎樣才算成功？」

在矩陣型組織中，最大的衝突來源之一就是彼此競爭的優先事項。例如，你可能會有跨部門的團隊合作爲單一客戶進行銷售。然而，每個部門都有自己的議程和策略目標。這種合作方式讓客戶更方便。他們可以在一個地方看到所有的產品和服務，並且不必應對

多位銷售人員和交涉所帶來的麻煩。然而，這種方式需要部門之間的合作與犧牲。

每個部門都必須考慮整體的客戶關係，而不僅僅是其產品或績效指標。整體的客戶關係的成功，可能意味著某個產品或部門的犧牲。所有的相關部門都必須針對「怎樣才算成功」進行坦誠的對話，因為對於任何成功的矩陣型團隊來說，了解成功的樣貌都是至關重要的。

「我們的利害關係人是誰？如何讓他們參與進來？」

儘早使用這個有力措辭可以節省大量的時間。與你的矩陣型團隊討論，並繪製利害關係人的「地圖」，來確定誰需要知道哪些資訊，以及時間和理由。接著，將你的地圖與所有利害關係人進行交流，以確保你沒有遺漏任何內容。

一開始你可能會覺得不堪負荷，但釐清你的利害關係人會有許多的好處。首先，內部討論有助於釐清彼此的期望，並且在緊張升級或出現趕時間的壓力之前，先就誰應該參與進來達成一致的共識也會比較好。再者，在你分享利害關係人的地圖時，也可以請教對方如何再簡化。誰曉得呢？搞不好你會聽到：「噢，我不需要參與這個案子。」

「我們如何促進資訊的流通？」

在爲利害關係人進行規劃時，你也可以同時計畫如何將重要的資訊傳遞給參與者或對專案感興趣的人。想一想誰需要知道哪些資訊，以及最佳的溝通方式是什麼。挑戰一下自己，確保所有人都能獲得必要的資訊（而不必開過多的會議），以免令人措手不及或在最後一刻事情才蜂擁而至。

「我在這個案子中的角色是什麼？你的角色又是什麼？」

矩陣型團隊中另一個主要的衝突來源是，角色、定義和期望的不明確。我以爲你有做紀錄，但你不認爲這是你的工作；你覺得應該由你來與客戶溝通，但我不同意。就像大多數衝突一樣，只要針對期望進行一次良好的對話，就可以避免十四次「爲什麼你沒做？」的爭論。釐清團隊中的角色分工，能爲你節省大量的時間和不必要的焦慮。

「誰有決策權？」

這也是一個大問題。跨部門團隊決策進程緩慢的原因是，每個人都認爲自己應該有決策權，結果反而沒有人爲決策負責。或者，團隊過於追求共識，每一個決策都要耗費數小時來與利害關係人討論，然候再提交給早已不堪負荷的上級管理層。如果在討論前就先釐清誰擁有決策權，就能省下時間並完成更多的工作。

「如何讓它盡可能簡單？」

無論是關於流程、系統、決策或團隊的溝通，你都可以多多提出這個有力的問題。

「誰『眞的』必須參加這個會議？」

之所以特別強調「眞的」，是因爲我們從矩陣型組織的客戶那裡聽到，他們最大的挑戰就是會議太多、開會的人也太多。想一想其他的方式來讓大家保持資訊暢通。

「如果我們無法就決策達成一致，怎麼提交給上級呢？」

這是你將問題提交給上級「之前」必須提出的關鍵問題。當緊張的氣氛已經劍拔弩張才在決定提交給上級的適當時間和方式，勢必會讓衝突變得愈發不可收拾。而且這往往會浪費非常多的時間，因爲不同的團隊成員會將不同的資訊提交給各自的功能主管，進而在更高層級引發更多的衝突和挫折。

我們建議在矩陣型團隊成立的過程中，在啓動專案時使用這個有力措辭。

「我們應該如何表揚成功和學習？」

矩陣型組織的另一項挑戰是，獎勵和認證體系往往並不一致。簽署你的考績或建議加你薪水的主管，可能與你平時的工作並不親近。

表揚團隊的成功，並仔細回顧你們在過程中學到的東西。這些表揚活動對士氣和員工的發展有著巨大的影響。因此，你可以考慮在專案結束後安排慶功活動，以表彰你們所做的事及其影響，以及你們所學到的內容。

＊＊＊

最高效的矩陣型團隊應對衝突的方法是，花時間來溝通關於溝通的方式、提早明確彼此的期望，以及經常重新審視大家的共識。

應對矩陣型組織中的衝突的有力措辭

- 「我的團隊行為如何影響其他團隊的成功能力？」
- 「（對這個案子、對我們的客戶、對我們每個人來說）怎樣才算成功？」
- 「我們的利害關係人是誰？如何讓他們參與進來？」
- 「我們如何促進資訊的流通？」
- 「我在這個案子中的角色是什麼？你的角色又是什麼？」
- 「誰有決策權？」
- 「如何讓它盡可能簡單？」
- 「誰『真的』必須參加這個會議？」
- 「如果我們無法就決策達成一致，怎麼提交給上級呢？」
- 「我們應該如何表揚成功和學習？」

第14章 團隊缺乏責任感時

「為即將發生之事做好準備，然後正視事實。」

——五十二歲美國男性

「爲什麼沒有人履行承諾，完成他們答應要做的事？」如果你或你的團隊成員正在問這個問題，表示你們即將面臨衝突，甚至可能已經身陷其中。當團隊成員之間出現不和時，最大的罪魁禍首就是缺乏團隊的責任感。

根據針對高效團隊的研究①，它們的一項共同特徵是：團隊的責任並非只是由主管來追

①有許多研究支持這一點。若想閱讀第一手資料，請參看 Google 的亞里士多德計畫（Project Aristotle）以及其對可靠性的重視：https://www.nytimes.com/2016/02/28/magazine/what-google-learned-from-its-quest-to-build-the-perfect-team.html. 更學術的論述及問責制中關係的重要性請參見：https://link.springer.com/article/10.1007/s10551-021-04969-z.

究，而是團隊成員彼此互相究責（也對主管究責）。然而，這種程度的團隊責任感並非自然發生的。責任感強的團隊會討論責任的問題，並積極地努力去維持這種責任感；而當事情出現問題時，團隊也有解決的辦法。

我們希望你和你的團隊也能做到這樣。

與團隊成員進行關於究責的對話可能令人感到害怕。你可能會擔心這樣會破壞你們的友誼，或被反嗆「多管閒事」。你可能也會擔心自己的干預會不會像是在指責別人？更何況你自己也並不完美。所以你選擇避而不談，以免反過來被人指責。又或者，你和你的隊友不知道該如何有效地進行這樣的對話。此時，本章這些有力的措辭就可以派上用場了。

我們的 I.N.S.P.I.R.E. 對話法是一種經過驗證的實用方式，可以幫助你和你的團隊進行反饋的對話。除了這裡的說明外，你還可以在「職場衝突與合作資源中心」平台找到更多有助於究責對話的資源。我們最初是在《贏得漂亮》一書中介紹

www.ConflictPhrases.com

I.N.S.P.I.R.E. 對話法，至今這仍是我們的「一起成長為領導者」課程最受歡迎的工具和主題。畢竟究責的工具是人人都需要的！

I.N.S.P.I.R.E. 對話法

連結與明確

I（展開，Initiate）：以你的意圖展開對話

N（注意，Notice）：注意可觀察的行為

S（支持，Support）：用具體的例子支持

好奇

P（探詢，Probe）：透過開放式問題來探詢

I（邀請，Invite）：邀請對方提出解決辦法

承諾

R（複述，Review）：複述你們的共識

E（加強，Enforce）：安排時間重新檢視你們的共識來予以加強

團隊缺乏責任感時的有力措辭

連結與明確

在任何究責的對話中，如果以連結與明確開始，會有最高的成功率。與對方建立連結，並清楚地表達這次對話的意圖。I.N.S.P.I.R.E. 對話法的前三個步驟可以幫助你做到這兩點。

I：尊重地展開對話並說明你的意圖

這可以是像以下的句子那樣簡單：「這次對話我是想確保這個案子能在雙方團隊干擾最小的情況下完成。」或是：「我想談談我們可以怎樣花更少的時間來準確完成我們的報告。現在方便談這件事嗎？」

如果你準備進行一場更敏感或嚴肅的對話，你可以這樣說：「我真的很重視這個案子和我們的工作關係。我有一些想法可以有所幫助，我希望能和你討論一下……」

N：注意並分享你的觀察

首先，從你對情況的觀察出發。要把焦點放在你所觀察到的行爲，而不是你對他們行爲的解讀。我們特意使用「注意」這個詞，是因爲你可以注意到行爲，但你無法注意到態度。

例如，你不會對你的同事說：「我注意到你的態度不好。」（這是武斷的，而你其實並不知道他們的態度。）相反的，你應該把焦點放在可觀察的行爲。例如：「我注意到你並沒有在早上九點前給我說好的報告。」

假如你不確定該如何談論某些感覺像態度的事，這裡有個技巧可以幫助你找出可觀察的行爲。想像你看對方就像是在看影片，然後描述影片中的行爲（或缺少什麼行爲）。這些就是可觀察的行爲。例如：「我注意到今天早上開會時，我們的同事提出她的想法卻被你打斷了。你還翻了個白眼說『這太扯了』。然後你又著手臂靠在椅背上，什麼話也不說。」

S：用具體的例子支持

連結與明確的最後一步是提供具體的例子（如果在「N：注意」階段中尚未明確的話）。

舉例來說，如果你以「我注意到你一直都很晚才來加入我們的會議」這句話開始，那麼你可以用具體的實例來支持你的觀察：「譬如說，今天的 Zoom 會議是八點開始，而你八點十五分才加入；昨天的員工會議是四點開始，而你四點二十分才進來。」

在這個階段，你還可以分享這些行爲帶來的影響或問題。例如：「結果，我們無法……」或是：「本來就沒時間了，而我們所有人還得多花好幾個鐘頭重新搞定這件事。」

在與同事進行團隊究責的對話時，有效地與對方建立連結、清楚表達自己的意圖，以及專注於具體的話題，將會帶來天壤之別的結果。

好奇

I.N.S.P.I.R.E. 對話法的眞正妙處，就在於它引入了好奇的面向。你可以透過開放式問題來促使對方反思並思考解決的辦法。

P：透過開放式問題來探詢

探詢時，你可以簡單地問：「發生了什麼事？」或是：「在你看來，這是怎麼一回事？」

另一個變體是：「我很好奇這對你來說是怎麼回事？」

這一步的重點在於以真誠的好奇心來提問。出現這種情況或許有合理的原因，而不必先入為主地認為對方的人品有問題或是有惡意。

I：邀請對方提出解決辦法

接下來的邀請階段，是請對方提出他們的解決辦法。以下是一些例子：

- 「你認為怎樣做我們才能按時從你的團隊那裡取得資料？」
- 「你覺得你可以怎麼做來確保準時參加會議？」
- 「我很想聽聽你的建議，看看我們能怎樣改進交接的流程……」

承諾

I.N.S.P.I.R.E. 對話法的最後一步是承諾。這個階段由以下開始：

R：複述你們的共識

在這一步驟，你會重新總結你們共同的約定。此時你一定會發現，這相當於第十一條雋永金句的理解確認。

例如：「很好，所以你說的是，你會與開發人員溝通，告訴他們你必須在全力投入另一個案子之前先完成這案子。而我會與我們的主管溝通，讓她了解當前的優先事項。」或是：「所以，你會看看是否可以減少日程中的一些會議，這樣你就不會總是在趕開會（並且遲到）。而我會取消額外的站立會議❶，改用即時訊息交流。這樣子對嗎？」

E：安排時間重新檢視你們的共識來予以加強

安排後續的會議來討論你們的新約定。例如：「我們可以在三十日下午三點，談一談我們的工作進展嗎？」或是：「下週會議結束後，我們花個五分鐘談一下我們的新約定的執行情況，你覺得怎麼樣？」

---

❶站立會議（stand-up）是與會者都站著進行的會議。之所以採取這種不太舒適的姿勢是為了縮短會議的時間。

以直率、專業又友善的態度處理員工的問題

管理者最大的失誤之一，就是當問題嚴重到可能對工作造成威脅時，卻沒有清楚地告知員工。主管往往會犯一些錯誤，例如：拖延太久、説好聽話、輕描淡寫……或是上述這些錯誤的組合。他們不想傷害對方的感情，但在這些情況下，逃避或淡化問題其實是不尊重你的員工。

一旦發現問題，就應該立即告訴對方你的擔憂，並表示你想和他們討論一下這些問題。你要説明你的擔憂，並給出具體的例子，而這是大多數人忽略的部分——告訴他們如果問題或行爲不改善，可能會有什麼樣的後果。

舉例來説，一位身處危機而不自知的高階主管，就曾因爲我告訴他「這可能會成爲你職業生涯的絆腳石」而意識到問題的嚴重性。最終他成功地晉升爲多個部門的副總裁。

這種技巧對於那些工作表現出色、但在行事風格和人際關係上有問題的員

工特別管用。

接著，告訴他們你願意提供幫助，並約定一個正式的跟進日期。讓員工有一、兩天的時間思考這個問題，並隨意地找個時間去關心一下。而在正式的跟進對談中你要提出一個計畫，其內容包括你在解決問題中所扮演的角色。

——瑪莉貝絲．海斯（Marybeth Hays）

多家公司董事會成員、前沃爾瑪執行副總裁

I.N.S.P.I.R.E. 對話法是一種經過證實、能讓究責的過程變得自然的方法。使用這些有力的措辭來進行究責的對話，將能防止衝突升級、建立信任，並提升團隊的士氣。

重點整理

團隊缺乏責任感時的有力措辭

展開

- 「這次對話我是想＿＿＿＿＿＿，從而……」
- 「我想談談我們可以怎樣花更少的時間來……」
- 「我真的很重視這個案子和我們的工作關係。我有一些想法可以有所幫助。」

注意

- 「我注意到＿＿＿＿＿＿。」

支持

- 「譬如說……」
- 「結果，我們無法……」
- 「本來就沒時間了，而我們所有人還得多花好幾個鐘頭重新搞定這件事。」

探詢

- 「發生了什麼事？」
- 「在你看來，這是怎麼一回事？」
- 「我很好奇這對你來說是怎麼回事？」

邀請

- 「你認為怎樣做我們才能……」
- 「你覺得你可以怎麼做來……」
- 「我很想聽聽你的建議，看看我們能怎樣……」

複述

- 「所以你說的是，你會……」
- 「我會……」
- 「所以，你會……，而我會……？」
- 「……這樣子對嗎？」

加強

- 「我們可以在三十日下午三點，談一談我們的工作進展嗎？」
- 「下週會議結束後，我們花個五分鐘談一下我們的新約定的執行情況，你覺得怎麼樣？」

第15章
遠端或混合工作團隊存在衝突時

「讓會議變得積極、有創意並充滿反思，以確保這段共處的時光能提升大家的生活品質。」

——四十五歲荷蘭非二元性別人士

你們公司的「隨處工作」政策聽起來好像很不錯，直到你的同事在三封重要的郵件上對你失聯，而你眞的需要他們即刻回覆。隔天，他們在領英（LinkedIn）上發了一張當天「隨處」的照片，內容是一家寵物動物園——一隻手在進行 Zoom 會議，另一隻手在餵小馬。這張照片獲得了兩百六十七個讚和五十八條評論。你的同事對每一條評論都作了回覆，唯獨沒有對你的郵件作出任何回應。對了，你的客戶剛剛還發來一張小馬照片的截圖，並附上了「搞什麼鬼

（WTF）」和滿是疑惑的表情符號。

遠端和混合工作團隊中的衝突，其實與那些面對面工作的團隊沒有太大區別，本書討論的那些有力措辭也都全部能適用。然而，我們在後疫情時代的遠端工作團隊中，看到了一種具有腐蝕性的團隊衝突變體——這種衝突源自於大家對完成工作的方式缺乏明確的理解。

疫情期間，許多團隊被迫迅速轉向遠端和混合型工作，從而使它們進入生存模式。

「只要能讓公司繼續運轉、員工的身心平安，並維護好我們的客戶，怎樣做都行。」

「大腿上抱著孩子或貓亂按鍵盤在你的郵件上打出亂碼嗎？太可愛了。」

「需要大幅調整工作時間來教孩子功課或照顧年邁的父母？沒問題！」

「今天沒心情工作？好吧，今天好好休息，希望你能好起來。」

「三天沒整理頭髮，不想打開攝影鏡頭？沒關係，我相信客戶可以理解的。」

我們合作的大多數高效團隊都發現，在「爲每個例外情況制定規則」和疫情期間的「只要能達成目標就行」的心態，這兩者之間存在著某種最佳的平衡點。

然而，大多數團隊並沒有找到有效的方式來討論這個問題。

專家見解

設定明確的期望

期望在工作表現的每一方面都很重要，特別是遠端工作的人，這些期望變得尤爲關鍵。關於衝突，你的期望應該包括你希望人們如何與你溝通和互動。一般來說，由於彼此不在身邊或工作距離比較遙遠，人們往往會覺得人際關係並沒有那麼重要（而遠端團隊成員則可能覺得自己已經被孤立了，這使得這個問題比任何人所承認的都更具挑戰性）。讓人們知道你對於溝通和關係的期望，並持續關注這些方面的進展。

——凱文・艾肯貝瑞（Kevin Eikenberry），遠端系列書籍合著者

促使遠端或混合工作團隊的期望一致的有力措辭

如果你的公司已經有了明確的遠端和混合工作的政策，那麼就從這些政策開始。你的團隊

如何落實這些政策？你在哪些方面有最大的決定權？當期望已經明確時，可以回到第14章關於團隊責任感的內容，來了解如何讓團隊成員專注在這些承諾上。

當期望模糊不明時，本章這些有力的措辭可以幫助團隊擁有更多的明確性、連結和承諾。如果你是主管，選擇那些涉及公司沒有明確指導方針的問題，並與你的團隊討論及制定一些基本規則。如果你是團隊成員，可以與主管分享這一章的內容，看看他們是否願意進行團隊的討論，或者是否已經有一些團隊可以加以釐清的期望。

「怎樣才算成功？」

展開這種對話的一個簡單方法是，請團隊中的每個人畫兩張圖，一幅表現團隊今天的運作方式，另一幅則是他們希望的運作模式。然後討論哪些具體的行爲和習慣能讓你們更接近理想的願景。

比方說，如果有人畫的是團隊成員穿著睡衣與客戶談成一筆生意，你們可能會因此開始討論談生意時的標準穿著。這種練習往往能迅速讓整個團隊笑聲不斷，並認同那些提高團隊合作、生產力和創新所需要做的工作。

專家見解

別讓距離影響合作

遠端工作的一個風險是過度依賴自己的想法和觀點。你很容易假設自己的觀點與團隊其他成員的相同——直到你檢驗這一理論。要質疑這些假設！隨時與團隊成員保持聯繫，收集他們的意見、看法和建議。透過培養打破自己思維慣性的習慣，你解決問題的功力也會越來越高明。

——莎拉．卡納迪（Sara Canaday），領導力策略專家、講師及作家

「我們要在何時、以何種方式進行溝通？」

這個對話是要討論大家對於即時溝通（如電話）和非即時溝通（如電子郵件）有什麼樣的期待，討論的內容則要盡可能具體。

細項的主題包括以下幾點：

- 如何確保會議能討論出結果，並讓大家覺得值得花時間參與會議？
- 什麼時候適合用訊息而非電子郵件或電話？
- 是否有必要在所有的視訊會議中開啓攝影鏡頭，還是僅限於某些會議？如何申請例外的狀況？
- 是否可以錄製視訊會議？如果可以，什麼時候合適？

你可以在「職場衝突與合作資源中心」平台下載其他的免費資源，包括我們的「遠端和混合工作團隊的六大高效習慣評估表」和「團隊對話開場白」。

www.ConflictPhrases.com

「如何確保每個人都感覺自己是團隊的一分子？」

這個問題的重要性可能會因團隊的願景不同而有所差異。如果你們的目標是打造高度信任、高度連結的團隊，彼此之間既有人情味又互相關心，那麼這將需要一些努力。讓大家有機會對此發表意見，可能會帶來巨大的改變。

「如何充分利用大家相處的時光？」

我們聽到混合工作團隊或那些偶爾進辦公室的團隊，其最大的衝突都與必須親自到公司上班的日子有關。以下是兩個例子：「我們公司的政策要求大家星期三必須到辦公室。因此，我通勤一個小時來到公司，結果發現大家都待在隔間裡進行電話會議。」或者：「我們只有進辦公室時才會互相交談。除此之外，我覺得自己像是待在一座孤島上。」

＊＊＊

討論如何充分利用面對面、線上會議和遠端工作的時間，對於提升生產力和參與度將有很大幫助。

重點整理

促使遠端或混合工作團隊的期望一致的有力措辭

- 「怎樣才算成功？」
- 「我們要在何時、以何種方式進行溝通？」
- 「如何確保會議能討論出結果，並讓大家覺得值得花時間參與會議？」
- 「什麼時候適合用訊息而非電子郵件或電話？」
- 「是否有必要在所有的視訊會議中開啟攝影鏡頭，還是僅限於某些會議？如何申請例外的狀況？」
- 「是否可以錄製視訊會議？如果可以，什麼時候合適？」
- 「如何確保每個人都感覺自己是團隊的一分子？」
- 「如何充分利用大家相處的時光？」

第16章

世界觀與價值觀不同時

「把事情說開。對你的擔憂視若無睹並不會讓情況變得更好。」

——四十九歲美國女性

當你想到要與那些抱持著不同世界觀的同事進行溝通時，你的第一反應可能會和我們撰寫這本書時遇到的許多人一樣：「不，我還是明哲保身，別說錯話比較好。」

這一點我們懂。在後疫情時代，社群媒體和傳統媒體助長了社會的兩極化，來自不同世界觀和價值觀的職場衝突可能會讓人感到害怕和不知所措。然而即使（或尤其）在這樣的時刻，還是有一些有力的措辭可以幫助你應對、溝通與合作。（顯然，光是這個主題就足以寫成一本書，許多多元、平等與包容的專家已經撰寫了很棒的著作。如果你正在尋找關於包容性語言的實用入門書籍，那麼多元運動（The Diversity Movement）的潔琪・弗格森（Jackie Ferguson）和羅格珊・貝樂美（Roxanne Bellamy）合著的《包容性語言手冊》（*The Inclusive Language Handbook*）會是不錯的起步。」

塔米・克拉維特是我們長期的讀者和客戶。當我們告訴她說我們正在撰寫這本書時，塔米分享了她轉性的故事：

> 當我告訴老闆我在轉換性別時，他昭告了全公司（這大概有點做過頭了），並召集我們的團隊進行更深入的對談。團隊中的兩位男同事似乎對此非常淡定，並表現得非常支持。
>
> 但我的好朋友黛安的反應則不同。她說：「我只想告訴你，我眞的很難接受這件事。我還需要一點時間。」
>
> 我回答：「我會給你足夠的空間。如果你有任何問題，請告訴我。」
>
> 當然，這讓我感到痛苦，但我還是給了她空間。此後，我們只有工作上的互動，我也沒再提起這件事。大約在我轉爲女性的三週前，黛安邀請我共進午餐。

在午餐中，黛安談到了她的心臟手術經歷和脆弱的感受，我則分享自己有一次因爲氣喘而住院，以及當時的脆弱感。我們完全沒有談到我轉換性別的事。這是一次非常自然的對話，而這次對話幫助我們度過了難關。

我轉性後回到工作崗位時，黛安爲我慶祝，將我的工作區布置得像歡迎新同事一樣。她還替我回答那些「錯過了公告」的人所提出的問題，好讓他們了解到底發生了什麼事，這樣我就不必再作解釋，而由黛安承擔這個重任。

相比之下，當我回到工作時，當初那兩位表現「非常淡定」的男同事帶我去吃中式自助餐，卻講了一些性別歧視的笑話，並試圖把蝦殼扔進我的裙子裡。

事實上，當初黛安請我多給她一點時間的意思是：「這段關係對我來說很重要。」儘管她很掙扎，但她還是勇敢地告訴了我她的感受，並要求她所需要的接受時間。

尊重地溝通不同世界觀與價值觀的有力措辭

先從我們自己的一個大膽的措辭開始：不同的觀點並不總是「有毒」。「有毒」這個詞在社群媒體上非常流行，因爲它很容易將某事標示爲有毒，然後忽視或「取消」這個人（而這種行爲並不僅限於某一群體）。問題在於，當我們自動拒絕或忽視任何與我們的生活方式有顯著不同的人時，我們同時也消除了相互學習的機會。

不同的世界觀和價值觀並不會自動導致職場衝突。事實上，在任何的組織中，你都會遇到不同觀點的人。但願你的組織有一套共同的價值觀、工作方式和支持客戶及彼此的方法。這些共同的價值觀和方法爲應對不同的世界觀提供了重要的方式。

「這次對話我是想要……，以便……」

我們與《提問的力量：創造有意義的對話》（*Ask Powerful Questions: Create Conversations That Matter*）作者查德．利特菲爾德（Chad Littlefield）進行了交談，他推薦一個二合一的有力措辭：「我是想要……」和「以便……」。例如：「這次對話我是想要了解我們的出發點，並尋找共同的目標，以便我們可以更輕鬆地完成工作而不必再東改西改。」

當你眞心誠意地展開對話，它就打開了一扇門。對方可以選擇是否要跨過這扇門，從中獲得可得的益處。這種眞誠的意圖也在一開始就表明了，你並不想改變他們的想法或奪走他們堅信的價值觀。

「我發現我們有不同的觀點……，並希望能了解更多。」

這句有力的措辭結合了自信和謙卑：自信地觀察差異，同時又以謙卑的姿態學習。用好奇心來接觸不同的世界觀，可以減少人們在面對陌生事物時出現「戰或逃」的反應。當你表達希望了解更多時，你並不是在承諾對方你會改變自己的想法；相反的，你是在了解對方，並給自己更深入欣賞他們的機會。

「所以，你的意思是……，是這樣子嗎？這很有意思，跟我的看法不同。」

聆聽對方說話時，花一點時間總結並進行理解確認（第十一條雋永金句）。然後，你可以分享自己的觀點——不是爲了改變對方的想法，而是自信又平等地增添對話的內容。

專家見解

關愛他人如自己所愛之人

二〇二〇年初，幾位非裔美國人在警察手中喪生，引發了社會動盪，這也在我們的員工和社區內引起一些強烈的情緒性對話。我們收到社區的投訴，指控一些員工在個人社群媒體上的言論，已經明顯違反了我們的人力資源政策；更重要的是，這些言論未能體現我們「關愛他人如自己所愛之人」的使命。

作爲致力於提升社區生活品質的社區健康組織，我們相信，忽視不友善和不尊重的言論，會使我們偏離了重要的使命信念。因此，我們與每位發布不當言論的員工進行一對一的對談，討論這些言論對我們的聲譽、團隊成員和社區的承諾可能造成的影響。整個對話的過程，我們始終都保持尊重的態度。

對談中，大多數的員工都表示：「天啊，我絕不會讓公司難堪的」，或是「我不是故意的」。除了其中一人，其他人全都自願刪除相關的貼文。那名拒絕刪文的員工則被要求在社群媒體上刪除與 Riverside 相關的字眼，以明確表示他並不代表我們的組織。最後，他選擇辭職。但他後來又發表了貼文，指責Riverside 不支持他的那些言論。

鼓起勇氣進行這些對話，強烈地傳達了我們對核心價值的堅定承諾，尤其是在倍受壓力、裝作沒看見可能更爲容易的時候。

——珍妮弗・辛（Jennifer Shinn）

文學碩士、資深人力資源管理師、美國人力資源管理協會認證高級專家

Riverside 健康系統人力資源營運總監

「我不期望我們任何一方會改變對……的看法。我們能對……達成共識嗎？」

當不同的世界觀在職場上造成緊張或衝突時，你們可能需要達成共識來超越這些分歧而專注於工作。首先，你們要承認雙方都有堅定的觀點，而你們無意要改變這些觀點。接著，再進一步針對如何一起工作達成協議。尊重彼此的價值觀，並一起朝著共同的目標努力，這是促進職場合作的強大法則。或許最終你們甚至能在某種程度上改變彼此的觀點——至少一點點。

「你問過……了嗎？」

《必要的旅程》（*The Necessary Journey: Making Real Progress on Equity and Inclusion*）作者艾拉・華盛頓（Ella F. Washington）博士告訴我們這句有力的措辭如何啓發了她：

> 我們都有偏見和刻板印象；我們都會做出假設。但如果我們每天都能利用這些小小的時刻，質疑我們自己的一些假設呢？尼爾斯特大叔威士忌（Uncle Nearest Premium Whiskey）創辦人兼執行長馮薇弗（Fawn Weaver）與我分享了她最喜愛的一個例子。她丈夫的家族從加州搬到納什維爾，他們的鄰居是一位白人男性。他有一輛大卡車，留著長鬍子，身上有紋身。她的婆婆告訴薇弗，這個人看起來不喜歡黑人。薇弗感到好奇，便問：「你問過他了嗎？」
>
> 她走到隔壁和那個人交談。他非常開放、友好，並且還在聽她最喜歡的一些節奏藍調歌曲。這眞是讓人倍受鼓舞。
>
> 要質疑我們一直以爲是眞實的事，並抓住機會進行對話。與對方交朋友，主動伸出善意的手。奇蹟就是這樣發生的。

＊＊＊

人最具有挑戰性的部分，就是我們的信念對自己來說似乎如此的「正確」，一切都顯得合情合理。而當別人的看法與我們的不同時，我們往往會感到無奈，覺得他們怎麼會那麼……（愚蠢、固執、天眞）。有趣的是，當你有這種感覺時，對方通常也有相同的感受。但如果你能帶著外面的世界總有更多事物值得了解的認知去面對這些分歧，你就爲眞正的合作創造了可能性。

重點整理

尊重地溝通不同世界觀與價值觀的有力措辭

- 「我真的很難接受這件事。我還需要一點時間。」
- 「這次對話我是想要……，以便……」
- 「我發現我們有不同的觀點……，並希望能了解更多。」
- 「所以，你的意思是……，是這樣子嗎？這很有意思，跟我的看法不同。」
- 「我不期望我們任何一方會改變對……的看法。我們能對……達成共識嗎？」
- 「你問過……了嗎？」

第17章 身為主管，當團隊成員處不來時

「傾聽他們，了解他們擅長什麼。」

——四十歲義大利男性

我們聽到許多帶領團隊的人想大喊：「爲什麼你們不能好好相處！」「我們可沒閒功夫處理這些狗屁倒灶的事。我們還有正經事要做呢！如果這是我想做的工作，我早就去教幼兒園了。」這些我們都懂，因爲我們也有過這樣的感覺。但你最好是與人性合作，而不是對抗它。

在我（大衛）早年的職業生涯，我的上司（執行副總裁）吉姆帶我去一家熱門的餐廳吃午飯，那裡的用餐區滿是各種商務會議。顯然，他注意到我正在爲新領導者常見的問題而傷腦筋，於是打算藉由這次機會來給我指點迷津。

在等待餐點上桌時，我起身去洗手。吉姆叫了我一下，並給我一個任務：「去洗手間和回來的路上，你都繞遠路走一圈。要慢慢地走，聽聽你所能聽到的對話。」

我按照他的奇怪指示行動。當我回到桌子前時，吉姆問：「你聽到的對話中，有多少是在抱怨他們的上司、同事或工作上的問題？」

「大約是一半或一半以上。」

他點了點頭。「這是正常的。抱怨是人性的一部分，但你不能對每一個抱怨都作出反應。並不是每一個抱怨都需要解決。況且，抱怨也不一定表示有什麼事情出差錯。」

對於一個初級領導者來說，這是重要的教訓：人與人之間的衝突是無法避免的。從那時候開始，我還發現，當團隊成員向你提出抱怨時，這可能是一個機會。根據具體的情況，它可能是團隊成員成長的機會、你提升領導力的機會，或是連結並建立更強大的團隊的時刻。團隊中那些小題大作的衝突可能讓人感覺像是陷入泥淖，並令人無法專心工作，但它同時也是改善士氣和生產力的絕佳機會。如果你是主管，這些都是必不可少的技能。

一開始，你可以使用第三條雋永金句（用反映來連結）：「聽起來好像你覺得______，對嗎？」和第六條雋永金句：「你的意思是說______，對嗎？」接下來的行動則取決於具體情況的細微差別，但你應該找機會來為有效的對話創造空間。如果兩位團隊成員之間存在著衝突，你甚至可以把這本書借給他們閱讀。

團隊發生衝突時的有力措辭

蒐集資訊的有力措辭

一旦使用了雋永金句並確認了對方的擔憂和感受，你就必須收集更多的資訊。你的下一步取決於具體的情況，因此了解發生了什麼事是至關重要的。你可以問以下三個問題來迅速評估情況：

「你希望我知道什麼？」

我們從庭審律師海瑟・漢森（Heather Hansen）那裡學到了這個問句。這是很棒的提問，有助於引導出對當事人來說最有意義的內容。

你希望我知道什麼？

蘿斯瑪莉・阿奎莉納（Rosemarie Aquilina）是主審賴瑞・納薩（Larry Nassar）案的法官。賴瑞・納薩是被指控性侵多名年輕女性的體操隊醫生。聽證會進行時，我正在主播「法律與犯罪」節目。

我們原本只安排一天來看這場聽證會，因爲只有幾位女性打算出面，而她們大多不希望自己的名字或面孔被曝光，這種情況對電視節目來說並不理想。但最終我們卻整整報導了一週，因爲有超過一百名女性站出來講述自己遭遇到的事。

我將此歸因於阿奎莉納法官對每位站出來的女性所提的一個問題。她沒有問：「你爲什麼來這裡？」也沒有問：「你發生了什麼事？」她沒有說：「告訴我，我必須知道什麼？」她只是看著每一位女性，然後說：「告訴我，你希望我知道什麼？」

她們各自講述了不同的故事。有些人講述了這對她們的父母造成的影響；有些人講述了這如何影響她們的孩子、伴侶的生活或工作。如今身爲領導者，我會確保自己問人們：「你希望我知道什麼？」這樣我才能從他們的角度來看問題，並從那裡開始行動。

——海瑟．漢森

《優雅的戰士》（*The Elegant Warrior: How to Win Life's Trials without Losing Yourself*）作者

「我可以幫什麼忙？」

這句提問的力量在於，它能迅速揭示對方是想發洩情緒，還是眞正碰到了問題。此外，它還有助於你了解他們如何看待該問題。

「我們三個（或更多）人應該一起談談嗎？」

這句提問在你懷疑對方的關注點不在於解決問題（例如，陷害某位同事或迎合討好你）

時，非常有用。對於那些抱怨並想把問題推給你的人來說，它有助於維持雙方的責任。

問完這三個問題後，你大概已經有了充分的資訊來判斷情況。以下是一些最常見的團隊衝突類型：

- 有人只是需要發洩，把沮喪的情緒說出來。
- 發生誤會。
- 一方不回應或對優先事項的看法不同。
- 人們努力的目標不同。
- 風格或性格上的衝突。
- 發現有毒的行爲。

「你是說……。我有漏掉什麼嗎？你有沒有要補充的？」

這是另一個理解確認，用來總結你所聽到的內容，以確保你聽見每個人的心聲。現在該是作出回應的時候了。

回應團隊衝突的有力措辭

「這聽起來很……，我能幫什麼忙嗎？」

倘若這個人只是需要發洩情緒，那麼就再次用反映來連結，並看看是否有其他事情可以幫助他們感覺自己被了解，從而讓他們回到工作中。

「我們的價值觀和風格不同。看看我們能從彼此的身上學到什麼，並一起建立攜手前進的方式吧！」

許多團隊衝突源於不同的觀點、價值觀、個性和風格。當團隊因這些差異而產生衝突時，這其實是非常寶貴的機會，可以讓大家學習如何有效地溝通，並加以善用彼此的觀點。你可以自己促成這樣的對話，也可以請第三方來協助團隊學會如何善用這些差異，並創建卓越的成果。（有許多工具可以根據不同的需求來加以利用，例如邁爾斯—布里格斯性格分類指標（MBTI）、DISC人格特質測驗、九型人格（Enneagram）和湯瑪斯—基爾曼衝突解決模型

（TKI）。在這種情境下，最重要的關鍵是進行討論。」

＊＊＊

團隊衝突可以是有生產力的，而且你也不該受困於別人的小題大作。當你認知到他們的情緒、提出幾個關鍵的問題、制定適當的前進路徑，並且（總是）使用第十二條雋永金句來安排最後的階段及確保每個人都跟進時，你會讓整個團隊都充滿了活力，同時又保持高效的生產力。

重點整理

團隊發生衝突時的有力措辭

蒐集資訊

- 「你希望我知道什麼？」
- 「我可以幫什麼忙？」

- 「我們三個（或更多）人應該一起談談嗎？」
- 「你是說……。我有漏掉什麼嗎？你有沒有要補充的？」

回應團隊衝突

- 「這聽起來很……，我能幫什麼忙嗎？」
- 「我們的價值觀和風格不同。看看我們能從彼此的身上學到什麼，並一起建立攜手前進的方式吧！」

【第四部】

向上管理

如何應對與上司的衝突

第18章 上司過度管理時

「一名員工指控我過度管理。員工說的是事實，這對我來說是個重要的教訓，我虛心受教。」

——五十一歲加拿大女性

「如何應對過度管理的上司？」是我們的領導力發展課程中最常被問到的問題。此外，過度管理也是我們的WWCCS中的主題之一，因為我們經常聽到來自各行各業的員工對此的抱怨。

我們與財務長們交談過，他們覺得自己被上司過度管理；我們與執行長們交談過，他們無法阻止董事會過問每一個細節；我們與專案團隊成員們交談過，他們因為必須不斷地向專案經理提交最新的報告，導致拖慢進度而感到惱火；當然，還有無數的一線員工向我們抱怨，他們必須按照像白痴一樣的腳本行事。過度介入的管理者讓全世界的人都搖頭興嘆，他們指揮人們做事、拖慢人們的步伐，並妨礙人們的工作。

有意思的是，我們同樣常常聽到過度管理者的抱怨：「為什麼連這種小事我也要管？我本來可以不必管這些的，但如果不管的話，又會有事情出紕漏。為什麼我的團隊看不到這些問題並解決它們？」

我們經常聽到事情的兩面。員工抱怨他們的上司過度管理，而當我們與「過度管理的上司」交談時，他們會列出一長串員工出的紕漏和其他的表現問題，這些問題導致他們不得不插手，儘管他們並不願意這樣做。

兩個心懷好意卻又無奈的人都希望能「解決」問題，但他們對同一情況卻有著截然不同的看法。那麼，你該如何辨別你的上司是真心想幫忙的無奈主管，還是名副其實的過度管理者？

與過度管理的上司對話前先問自己的問題

無論你的上司是很棒的主管，還是極端煩人的過度管理者，很可能你的上司也是個普通人。事實上，我們可以百分之百地確定他們是人類。儘管有時我們很容易忽略這一點，但要成功地應對你與上司——一位可能希望你成功、感到疲憊不堪、承受著你無法完全理解的巨大壓力的普通人——的衝突，牢記這一點是非常重要的。如同應對所有的衝突一樣，盡量建立人際的連結並將衝突去個人化，會有很大的幫助。哪怕只有一點點可能，你的上司是因為眞心關切才過度介入，因此你還是先了解清楚會比較好。

「我到底表現得如何？」「我可以透過表現或實績證明自己的成功嗎？」

這些提問是與上司對話之前需先問自己的問題。客觀地檢視自己的工作。你的表現優良嗎？你是否經常出錯，或是在學會正確的做法後還是犯了同樣的錯誤？你的工作倫理是否符合組織的文化？

我們遇到過很多抱怨上司管理過度的人，但他們卻持續發送錯得離譜的資料、錯誤的會議日期，並在接受指導後仍然不斷地犯同樣的錯誤；或者他們經常開會遲到，無法在截止時間前完成工作。（如果你知道自己表現出色，並且有實績紀錄來證明這一點，那麼你可能也會想翻閱第23章的有力措辭，來幫助你的老闆看見你的才華。）

功。

倘若不是如此，那麼你的主管可能不是過度管理者；他可能只是想幫助你在崗位上取得成功。

專家見解

應對過度管理者時可以這樣說

「我知道您想幫助我成功，我也非常重視您的指導。不如我們先就這項工作目標達成共識，然後讓我用自己的方式來實現這個目標。這樣做會最有效率，我也會學到最多。我會努力做到最好，讓您在這過程中也不失顏面。工作完成後，我也會虛心接受您的反饋。」

——史考特・莫茲（Scott Mautz）

《老闆信任你，部屬相挺、客戶支持的「三明治主管全局思維」》（*Leading from the Middle*）作者

「只有我，還是每個人都一樣？」

如果你是在團隊或小組中工作，請注意你的主管是如何與同事互動的。她是否經常給出指示並隨時緊迫盯人？還是只有你被這樣對待？

倘若主管表現出控制行爲的模式，這更可能顯示她是過度管理者。但如果只有你或另一個人受到這種對待，那麼這是個重要的訊息，表示你的主管對你有某些擔憂或無奈，並試圖幫助你提升表現。

「是否有重大的變化發生？」

另一個必須注意的模式是時機。是否有新的壓力來源？也許主管的指導行爲出現在忙著籌備產品發布會期間、重要的董事會議之前，或是重大的營收虧損之後。這些並不是主管過度管理的理由，但它們可以解釋行爲變化的原因，而這也讓你能夠幫忙建立更好的工作關係。

與過度管理的上司展開對話的有力措辭

無論你的主管是眞的過度管理者還是試圖幫助你，有幾個有力的措辭可以幫助你們展開對話，從而改善你們雙方的關係和體驗。

「我關心我們的成敗，並想確保我在這當中扮演好自己的角色。」

確認你對團隊和工作的承諾，是展開這些對話的最佳方式。將這一意圖融入對話中能建立彼此的連結，並爲富有成效的對話打開一扇門。

「我注意到您……」

這是能創造明確性的有力措辭。有時候，將注意力集中在事實上便足以幫助壓力重重的主管改變行爲，或是說出他們心中的想法。例如：「我注意到您在兩個小時內問了這個案子五次。」接下來，用你的好奇心來承接你的「我注意到」。以下是一些例子：

「我能怎樣幫忙……？」

「我是否漏掉了……？」

「您是否對……有疑慮？」

在描述客觀事實之後，提出一個能爲你們雙方創造學習或成長空間的問題。這些問題讓主管有機會說出眞實的擔憂，同時也促使他們反思爲何自己會過度管理。如果能將這些擔憂融入對話中，你們就能找到解決的辦法。

向過度管理者提出需求的有力措辭

一旦你了解上司的擔憂（或是發現他們並沒有具體的擔憂，而僅是出於習慣在過度管理），接下來就是該提出自己需求的時候了。

「我聽您說……。我可以答應您……，您看這樣好不好？」

首先確認你聽到的上司的擔憂，接著說明你將如何處理。例如：「我聽您說執行副總裁要求頻繁更新進度，因爲董事會對我們的進展感到擔憂。我可以答應您在週三提交書面簡報，並在週五中午用餐前以書面和口頭形式向您匯報，您看這樣好不好？如果不必頻繁地更新進度，我們將能更快地推進進度。」

「我想嘗試……。我們可不可以在＿＿＿＿安排簡短的會議來確認我們的進展？」

這是另一句展現你的責任感、作出承諾，並讓你的主管感到放心的有力措辭。例如：「我想嘗試親自帶領兩週的晨會，讓大家來集思廣益。我們可不可以在每週結束時安排簡短的會議來確認我們的進展？」

你的「過度管理的上司」可能感到壓力、缺乏安全感，或是曾有糟糕的榜樣，又或者，他們是在爲你的成功提供眞正必要的訓練和幫助。在誠實地評估自己的表現，並確信自己已經做了該做的事後，一場對話可以幫助你們雙方都蒙受其利。

＊＊＊

你要不就是了解到上司對於工作表現的擔憂，以及如何提高效率；要不就是幫助你們雙方建立更好的關係，從而提升彼此的生活。當然，經過幾次這樣的對話後，你也會發現自己是否在跟一位永遠無法滿足或不願停止過度管理的主管共事。當這種情況發生時，你就有了決定另謀高就的基本理由。

重點整理

應對過度管理者的有力措辭

自我提問

- 「我到底表現得如何？」
- 「我可以透過表現或實績證明自己的成功嗎？」
- 「只有我，還是每個人都一樣？」
- 「是否有重大的變化發生？」

與過度管理的上司展開對話

- 「我關心我們的成敗，並想確保我在這當中扮演好自己的角色。」

- 「我注意到您……」
- 「我能怎樣幫忙……？」
- 「我是否漏掉了……？」
- 「您是否對……有疑慮？」

提出你的需求

- 「我聽您說……。我可以答應您……，您看這樣好不好？」
- 「我想嘗試……。我們可不可以在______安排簡短的會議來確認我們的進展？」

第19章

上司竊取你的想法時

「之前有一位主管竊取我們團隊的功勞。我們當面質疑她，結果引發了激烈的爭論。她隨後解僱了我們的團隊領導。我和其他成員一起向營運主管報告這件事。隨後公司召開一場會議／聽證會，結果她被解僱了。我們的團隊領導被重新任用並獲得晉升。」

——五十六歲美國女性

我們不確定這樣說你會好受一點還是感覺更糟，但你碰到的這個問題實在是太常見了①。事實上，我們在《勇氣的文化》研究中發現，有56％的受訪者表示，如果他們會保留重要的想法，那是因爲他們無法得到應有的認可。這實在太可悲了。我們最不希望看到的就是你壓抑自己的想法。

我（凱琳）曾在夜間MBA教過一門名爲「應對職場中難搞的人」的課程。每位學生都選了一個「難搞的人」作爲他們的研究專題，將所學應用到實際的情況中。結果班上除了一位學生外，其他所有人都選了他們的上司，而這些學生選出的首要問題就是：如何與主管談論竊取功勞的問題。

這眞是創新上的巨大損失，更甭說對士氣和投入感的打擊了。

我們經常聽到有人問：「我該怎麼說才好？『別再竊取我的想法了，你這個愛搶功勞的人！』可是這樣感覺好像很小氣，所以我也就算了。」

好消息是：除非你遇到的是眞正的自戀者，否則竊取功勞其實是比較容易解決的上司問題。我的MBA學生發現，當他們懷著好奇心去跟主管溝通時，大多數的主管都作出很好的回應。他們會道歉並試圖彌補。在大多數的情況下，這些主管只是因爲忙碌和壓力太大，而沒有意識到給予團隊應有的認可是多麼的重要。

---

① 〈壞老闆指數：一千名員工列舉最糟糕的管理行為〉（無日期）https://www.bamboohr.com/blog/bad-boss-index-the-worst-boss-behaviors-according-to-employees-infographic.

以下是這些學生以及其他許多沒有得到應有的認可而感到沮喪的員工，他們所使用過的有效話語。

以好奇心與竊取功勞者展開對話的有力措辭

當這些MBA學生懷著好奇心去跟主管溝通時，許多主管對於團隊成員認爲自己在竊取功勞這件事感到驚訝（學生們則對他們的主管感到驚訝這一點感到驚訝）。通常，這些主管只是行事過於匆忙，而忘了表示感謝或給予應有的認可。這是最容易解決的情況。我們也建議你從好奇心開始。

「我很好奇，您覺得＿＿＿＿＿＿＿＿＿＿（上司、同事或關鍵的利害關係人）知道我在這個案子中扮演的角色嗎？」

除非有明顯的搶功行爲，否則我們建議你盡量使用充滿好奇心的有力措辭來表達你觀察到的情況，並對他們的看法展現出眞正的興趣。你可以繼續說：「我非常喜歡這類工作，因此我希望確保大家了解我在未來的這類機會中能發揮的作用。」

「我注意到……。您還記得……嗎？」

這是有力的措辭組合：將明確與好奇結合在一句話中。例如：「我注意到您在今天的員工會議上提出了______這個想法。這讓我很好奇。您還記得我們前幾天的談話嗎？當時是我告訴您這個想法的。」

「大家似乎都很欣賞我們的工作。您覺得______（上司、管理高層或關鍵的利害關係人）了解這其中投入的心血和參與的人嗎？」

這是結合明確與好奇的另一種變體。先慶賀並肯定成功，然後再提出問題。

專家見解

被搶功時，要勇敢為自己發聲

多年前，我在一個重要專案上投入了大量的時間和精力，最終爲公司贏得了享有盛譽的獎項。然而，我的上司不僅將功勞攬在自己身上，還表揚了我的同事，卻沒有給身爲專案負責人的我絲毫的認可。如今，我還是會不斷地回想起這件事，後悔當初沒有站出來爲自己發聲。

千萬別重蹈我的覆轍！相反的，你應該這樣做：

- 別讓這件事在心裡發酵。鼓起勇氣將它說出來不僅對你有利，並且在大多數情況下對你的上司也會有幫助。
- 儘早私下向上司提出這個問題，並假設對方並無任何惡意。表達你完成這件事的自豪感和作出的貢獻，並補充說道，雖然你知道這可能並非有意的，但沒能得到認可還是令你感到失望。試圖理解爲何會發生這種情況，並以尊重的態度明確地表達出你的期望。

- 以身作則，公開表揚你的團隊和同事的努力。
- 透過書面、會議等方式定期讓上司了解你的工作及影響力。此外，也讓你的擁護者、前輩和同事知曉。
- 如果問題仍然存在，那就換老闆吧！你值得更好的。

——凱莉・貝克史東（Carrie Beckstrom），PowerSpeaking 執行長

請搶功勞的上司幫忙的有力措辭

一旦釐清了情況並詢問對方的看法後，接著就要請他們協助解決問題。

「我眞的很需要您的幫助，確保大家都了解我在這個（專案、想法）中的角色。」

直接表達你的需求，是解決跟上司衝突的最佳方法。你可以接著說：「這從您的口中說出來會比我自己說更有說服力。您認爲我們該怎麼處理這件事呢？」

「我相信這只是疏忽，我希望您能幫忙把這件事處理好。您能不能和談一談，讓他們了解這裡的狀況？」

假設對方並無惡意並提供解決問題的途徑，將有助於你的上司協助你。

「作爲我職涯發展規劃的一部分，我希望能與（老闆、同事、關鍵的利害關係人）見面，讓他們更了解我和我的工作，並聽取他們對於我如何能更上一層樓的反饋。您覺得這樣可以嗎？」

將你的請求建構爲職涯發展的機會，並提供具體的對話方式，會讓你的上司更容易支持你。

「太好了，那麼本週員工會議結束後我們再碰面，看看這件事的進展如何。」

用一句能讓對方作出承諾的有力措辭來結束對話。透過安排再次討論此事的時間，你可以很自然地跟進，而不必再鼓起勇氣重提這件事。

重點整理

應對搶功勞的上司的有力措辭

以好奇心展開對話

- 「我很好奇，您覺得＿＿＿＿＿＿（上司、同事或關鍵的利害關係人）知道我在這個案子中扮演的角色嗎？」
- 「我注意到……。您還記得……嗎？」
- 「大家似乎都很欣賞我們的工作。您覺得＿＿＿＿＿＿（上司、管理高層或關鍵的利害關係人）了解這其中投入的心血和參與的人嗎？」

請搶功勞的上司幫忙

- 「我真的很需要您的幫助，確保大家都了解我在這個（專案、想法）中的角色。」
- 「我相信這只是疏忽，我希望您能幫忙把這件事處理好。您能不能和＿＿＿＿

談一談，讓他們了解這裡的狀況？」

• 「作為我職涯發展規劃的一部分，我希望能與＿＿＿＿見面，讓他們更了解我，並聽取……的反饋？」

• 「太好了，那麼本週員工會議結束後我們再碰面，看看這件事的進展如何。」

第20章 上司優柔寡斷時

「專注於結果，而不是過程。」

——九十歲日本男性

以下這位主管向我們吐槽他那優柔寡斷的上司，而你是否也曾有過類似的感受？

啊，你明白我在說什麼了嗎？你看他在那次會議上是什麼表現？他拖延了每一個決定。他是我工作以來遇過最優柔寡斷的上司。爲什麼他作不出決定啊？我們已經給了他要求的所有資料，他卻還在繼續拖拖拉拉。我寧願聽到一聲「不行！」，也不想再討論下去了。問題是，這決定沒有任何的壞處，根本不必用腦袋想！怎麼辦？我怎樣才能幫助上司爽快地作決定？

當你想快一點完成工作時，沒有什麼比拖延決策的上司更令人無奈的了。如同第18章應對過度管理的上司一樣，你的第一步就是去了解原因。他們可能正在處理一些還無法公開的問題，或是還在搞定各方的利害關係人；但也有可能他們是被自己的完美主義絆住手腳，害怕犯下錯誤。

幫助你了解上司爲什麼猶豫不決的有力措辭

首先，要對他們遇到的困境產生好奇心。以下是一些你可以使用的探問範例：

- 「您以前遇過類似的狀況嗎？結果如何？」
- 「是什麼原因使您猶豫不決？」
- 「這種決策還需要誰的參與？」
- 「您認爲您的上司對這個問題會有什麼顧慮？」

顯然，這些問題你不會一次全部用上。只要選一、兩個適合你的情況的問題，然後仔細聆聽來釐清你的上司猶豫不決的原因。

幫助上司作出決定的有力措辭

到了這個對話階段，倘若你聽到的回答並沒有讓你打退堂鼓，那麼接下來的一步就是明確性。你可以利用以下的有力措辭來建議明確的解決辦法。

「我看到接下來該怎麼做的兩個可行辦法（說明甲選項和乙選項）。我會建議我們選擇甲選項，因為＿＿＿＿＿＿（概述你的理由）。您覺得這樣可以嗎？」

在向優柔寡斷的上司提出想法時，要避免抽象的討論。你要明確地說出落實你的想法需要哪些配合。具體來說就是，誰必須在什麼時候做什麼，以及衡量成功的標準。

「我擔心如果我們不在＿＿＿＿（日期）之前作出決定，我們將面臨的後果是：＿＿＿＿（描述後果）。我們可不可以安排個時間來作出最後的決定？」

優柔寡斷的上司通常很害怕改變，因爲它聽起來太麻煩了。向他們展示一下，按你的計畫行事比維持現狀要容易得多。

專家見解

培養作決策的自信

大衛．西蒙是籃球裁判，他對於迅速作出艱難的判決有自己的見解。以下是他的建議：

從強勢和自信的立場作出判決需要比賽的經驗（你經歷過的考驗）、訓練（經過多次的實踐並獲得有用的反饋來加以改進），以及沉浸在艱難的處境中（勝負懸而未決的緊張比賽）。你可以將這一點從籃球場上轉換到與優柔寡斷的上司打交道。

堅持你的強勢。使用能讓情況明朗化的建設性實例，並提供可靠且經過驗證的選項的看法（你經歷過，所以你知道）。必要的話，說明一下你選擇該選項背後的「原因」。對上司的問題保持開放、傾聽，並直接以你的「所見」或「所聞」來回答。

當你想要影響或提供一個強而有力的選項時，可以使用類似「這是我所看到的」或「根據我所掌握的資訊，我認爲這個選擇最爲合理」這樣的語句。這種與優柔寡斷的上司打交道的方式，能讓你根據自己的經驗來提供選擇，同時不會令對方感到被逼迫或產生防禦的心理。

——大衛・西蒙（David Simon），作家兼籃球裁判

「我們的團隊可以先試試這個嗎？」

決策癱瘓的最大原因之一，就是決策看起來好像過於永久性。因此，另一個幫助上司採取行動的方法，是讓重大的決策變得較小且易於實行。讓你的上司先體驗一個容易撤回的決策所產生的效果。有新的流程？那就先在一個團隊中試著運作看看。擔心客戶的體驗？那就先在一小群客戶中嘗試你的想法，並仔細監督體驗的結果。畢竟推銷一個試點計畫，會比說服一位討厭風險的決策者進行「永久性」的變革要容易得多。

＊＊＊

最後給你一點提醒，這次對話的重點不是你、不是你的上司，甚至不是你們的關係，而是為你的組織、員工、客戶或其他利害關係人做出正確的事。最具說服力的，莫過於那些熱衷於為正當理由做正確事情的人。給優柔寡斷的上司一點時間思考。如果一次對話不夠，那就再試一次。

重點整理

應對優柔寡斷的上司的有力措辭

了解上司猶豫不決的原因

- 「您以前遇過類似的狀況嗎？結果如何？」
- 「是什麼原因使您猶豫不決？」
- 「這種決策還需要誰的參與？」
- 「您認為您的上司對這個問題會有什麼顧慮？」

幫助上司作出決定

- 「我看到接下來該怎麼做的兩個可行辦法（說明甲選項和乙選項）。我會建議我們選擇甲選項，因為＿＿＿＿＿＿（概述你的理由）。您覺得這樣可以嗎？」
- 「我擔心如果我們不在＿＿＿＿＿＿（日期）之前作出決定，我們將面臨的後果是：＿＿＿＿＿＿＿＿（描述後果）。我們可不可以安排個時間來作出最後的決定？」

- 「根據我所掌握的資訊，我認為這個選擇最為合理。」
- 「我們的團隊可以先試試這個嗎？」

第21章 上司會情緒性地咆哮或爆粗口時

「烤個蛋糕吧。」

——二十二歲英國女性

你是否曾注意到，許多成就非凡的管理者也有情緒多變的一面？也許這是熱情、強烈投入或創造力的副作用。然而，情緒陰晴不定的人很難相處。倘若這個人是你的上司，情況就會更加棘手。你可能會想避開這種負面情緒（以及當事人）來明哲保身，因爲這種職場衝突總是令人感到壓力山大又身心俱疲。

我（凱琳）最喜歡的一位上司就是情緒波動很大的人，於是我們爲她準備了兩個幾乎一模一樣的芭比娃娃。第一個娃娃穿著整潔的芭比上衣、裙子、鞋子、戴著珍珠項鍊；另一個娃娃則穿著撕裂的衣物，臉上被畫得亂七八糟，頭髮看起來像是被貓咬過。（大衛也想知道，為什麼凱琳的辦公室裡會有兩個肯尼娃娃？）

我們會選擇在「善良芭比日」來向她提出我們的計畫。我們請她把娃娃當作警告標誌：將最能表達她的情緒狀態的娃娃放在顯眼的架子上。當「邪惡芭比」出現時，我們就必須保持低調。這當然不是理想的情況，畢竟沒有人會喜歡情緒陰晴不定的上司。

然而，她微笑地接受了這份禮物，並按照我們的請求使用了娃娃。值得慶幸的是，當我們有人去架子上更換娃娃時，她就會明白我們的意思。儘管這並不完美，有些日子娃娃也無濟於事，但我從那次經歷中學到的是，面對情緒化的主管，唯有在對方情緒穩定時再來進行對話才是長久之計。

與情緒化的上司建立連結的有力措辭

首先，試著理解並接受情緒背後的根本原因。也許你的主管就像大多數被指控為「心情不好」的人一樣，他們會感到挫折其實是人之常情。他們可能會想：「是呀，我原本可以不用飆髒話或大聲嚷嚷的，但問題就明擺在那兒！他們為什麼不他X的把事情做好呢？」

「我知道這有多麼令人氣餒，我也非常在意這件事」，或「我知道這個問題的嚴重性（重申它對客户或業務的影響）」

這些話有助於你認同對方的情緒，表明你理解他們的感受。這會立即減少他們的孤獨感和隨之而來的挫敗感。

「我真的很抱歉搞砸了這件事，接下來我會……」

如果這是你的錯，沒有比道歉及負起責任來修正這個問題更好的說法了（無論是這一次或下一次）。

談論上司的行爲模式的有力措辭

當上司的情緒發生波動時，你會很想在當下談論對方的情緒，因爲此時你的情緒也高漲了起來。但我們強烈建議你另外安排時間，選擇你們情緒較爲平靜的時候，再來談論他們的行爲模式，甚至可以加入一點幽默感。

「我注意到一個模式，那就是（具體的觀察）……。我在想……」

人們往往看不見自己的行爲模式。「沒錯，我今天早上是有點暴躁，但我每天都這樣嗎？」當你能提供具體的例子時，這將有助於對方反躬自省，從而決定作出改變。

以下是我（大衛）和主管之間對話的完整例子：「我注意到一個模式，那就是您對休息室裡發出的笑聲感到不悅。比如說今天午餐後、今天早上和昨天下午，您的反應都是如此。我在想，您是不是有什麼心事呢？」

專家見解

與上司修復關係的時機與對話技巧

大家都相安無事時，是修復關係的最佳時機。在彼此都心平氣和的時候與你的上司談話，而你們的對話可以這樣進行：

「我注意到當事情不順利時，您講話就會很大聲，這讓我感到很不自在。

我很感謝您願意和我討論這件事。我希望我們能達成共識，以便在這種情況下，我能採取某些做法。例如狀況升溫時，我可以揮一揮筆作爲提醒，或是暫時退出會議，等氣氛緩和一點後我們再繼續談話。您覺得我提的這些做法可行嗎？」

只要陳述事實並提出你的需求即可，其他不必要的話就別多說。例如「您這樣的做法很不適當」之類的說法是帶有批判性的，只會讓你的上司採取防禦的姿態。

如果上司下次又發脾氣時，這個策略還是不管用，那麼就再進行一次對話。例如：「我們之前討論過當會議氣氛緊張時，我可以採取的做法，但我提出的那個方法好像不管用。我們能試試……（提出新的建議）嗎？」

最後，如果你的努力還是徒勞無功，那麼你可以向人力資源部門的人求助，或請某位你的上司尊重又交情不錯的其他領導者，來協助促進彼此的對話並達成工作上的共識。

——莎麗．哈莉（Shari Harley）

Candid Culture 總裁與《高效溝通的藝術》（*How to Say Anything to Anyone*）作者

「我能幫什麼忙嗎？」

這句有力的措辭雖然簡單，但很有效。它能讓對方從情緒性的反應轉向批判性的思考。通常你得到的回答是：「不用了，謝謝你。」但有時你可能會因此發現一個對你的職業生涯有重大幫助的機會。

＊＊＊

我們最喜歡的一個實例是，我們曾輔導某個領導團隊以解決其執行長在遭受挫折時習慣爆粗口的問題。後來這位執行長選了一個有趣的代碼詞來代替髒話。這個詞能讓他的心情輕鬆起來（因爲很難一本正經地說出這個詞），同時他仍然有效地傳達了事情的嚴重性。

重點整理

應對情緒化的上司的有力措辭

與情緒化的上司建立連結

- 「我知道這有多麼令人氣餒，我也非常在意這件事。」
- 「我知道這個問題的嚴重性（重申它對客戶或業務的影響）。」
- 「我真的很抱歉搞砸了這件事，接下來我會……」

談論上司的行為模式

- 「我注意到一個模式，那就是（具體的觀察）……。我在想……」
- 「我注意到當您感到氣餒時，您就會……，這讓我感到很不自在。」
- 「我希望我們能達成共識，以便在這種情況下我能採取某些做法。」
- 「您覺得我提的這些做法可行嗎？」
- 「我們之前討論過當……時，我可以採取的做法，但我提出的那個方法好像不管用。我們能試試……嗎？」
- 「我能幫什麼忙嗎？」

第22章
上司給的反饋很敷衍、含糊、令人沮喪時

「對於績效和可靠性的評價，最好是能做到真實又不帶偏見。」

——四十五歲英國男性

如果你直接翻到這一章，那麼我們就從這裡開始：你是對的，你應該得到更好的反饋。如同表揚功勞一樣，給出有意義的績效反饋是你的主管的職責。然而，給出有用的績效反饋並不容易，而大多數的主管也沒接受過如何討論反饋的專業訓練。坦白說，績效評估制度本身就是不自然的。

想像一下，你和你的另一半坐下來，對彼此的表現進行「考核」：「親愛的，我已經對你做了年終考核。你的廚藝有所提升，而且現在不必提醒你就會主動倒垃圾了，所以在家務方面

你被評為『超出預期』。但你最近壓力很大，已經好幾個月沒送我花了。所以在浪漫方面，我只能給你乙下。」（若實際狀況與此雷同，純屬巧合。對吧，親愛的？）

倘若你的公司採用的是強迫排名制度（stack-ranking system），並且還有強制的評分配額，那麼要得到有意義的績效反饋就更困難了。我們留待其他的機會再來討論這些老式的績效評估制度。以下是幫助你獲得必要的反饋的一些有力措辭。

應對敷衍、含糊、令人沮喪的反饋的有力措辭

如何應對有問題的反饋，取決於造成該問題的原因。也許你根本沒有得到任何的反饋，又或者你覺得上司的反饋並不公平。如果你的主管試圖推卸責任，或這些反饋令人感到莫名其妙時，該怎麼辦呢？這些情況我們都見過，並且有一些有力的措辭來應對它們。我們先從上司欠缺反饋開始談起。

當你沒有得到任何反饋時的有力措辭

遺憾的是，這是最常見的情況；尤其當你表現特別優異時，這更是讓人不悅。你的主管

說：「你這一年的表現沒什麼好說的，你做得很不錯。」聽到這種反饋總是令人感到沮喪，因爲你可能眞的表現得不錯（但究竟是哪方面表現得不錯？），但主管並沒有給你太多可以進一步提升的方向。以下這句有力的措辭是一個通用的公式，你可以用它來請求更具體的反饋。

「謝謝您。那麼，我是在哪方面表現得不錯？我怎樣才能更有效率呢？」

以下是該公式的另一種變體，同樣也很有效果：

- 「哇，眞是太感謝您了！我很感激您的支持。今年我爲________（說出你期望他們提到的成就）感到自豪。我很想聽聽您對這________（專案、策略、成就）的看法。您爲什麼認爲它很不錯？我怎樣才能在工作中表現更多這樣的績效呢？」

以明確的措辭請求得到具體的反饋

當你收到不具體、無用的反饋（或根本沒有反饋）時，請記住：事實上，許多領導者缺乏給出有效反饋的技能，也欠缺自己的意見是否會被接受的自信。但你可以協助他們幫助你。你可以藉由明確的請求來表達你對反饋的接受度，例如：「您對我的表現有著獨特的見解，這對我的發展至關重要。您願意坦率地告訴我您的觀察嗎？」這樣的表達傳遞出你非常重視、並已準備好以成長的積極態度來接受他們的反饋。

你還可以透過一些提問，進一步引導對方提供最有幫助和可行性的反饋，例如：「您觀察到我有哪些技能、才能或行爲，使我能爲團隊／專案作出最大的貢獻？」以及：「我可以具體作出哪些不同的改變來體現更多的價值？」詢問具體的細節，並懷著最大的好奇心、以非防禦的心態來傾聽，這樣可以營造令人安心的氛圍，使對方願意說出他們的想法。

> 最後，如果人們覺得他們之前的反饋是有成效的，他們便會更願意在未來繼續提供反饋。因此，除了表達感謝之外，你還必須讓他們知道你是如何將他們的反饋付諸行動。
>
> ——茱莉・溫哥爾・吉利歐尼（Julie Winkle Giulioni）
> 《升遷已是昨日黃花》（*Promotions Are So Yesterday*）作者與
> 《幫助他們成長，還是看著他們離開》（*Help Them Grow or Watch Them Go*）共同作者

應對不公的考核的有力措辭

接下來，我們來談談當你的主管告訴你說他們無法給你應得的考績時，你該如何應對。比如他們說：「你的表現其實是『超出預期』，但由於我必須讓數字看起來合理，所以我只能給你『達到預期』的考績評級。」甚至更糟的是：「『超出預期』的考績我只能給一個人。」

好吧，在這種情況下，你確實有充分的理由感到不爽。

給主管的建議

把重點放在結果和行為上，而不是考績本身。此外，要清楚地說明你用來評估表現的標準，以及團隊成員在哪些方面達到或超越了這些標準，同時也要將未來可以改進的機會包括在內。避免與其他的員工進行比較，或將考核的結果歸咎於他人。

也許現在要更改數字或考績可能爲時已晚。我（凱琳）深知這一點，因爲身爲企業高管，我曾多次爲團隊中的頂尖表現者爭取，但答案總是「只能選一個」。你的主管可能跟你一樣（甚至比你更）感到沮喪。

以下的有力措辭能幫助你表達沮喪的情緒，同時又保持積極的態度：

- 「唉，這肯定讓您非常爲難。但我必須說，這讓我感到非常＿＿＿＿（冷靜地說出你的心情）。」

•「我今年眞的非常努力工作，我不希望明年此時還是同一套說辭。您是否可以簡單地告訴我，今年我要是能做到哪些事便無疑可以獲得『超出預期』（或其他對應的評級）的考績？我想制定計畫來確保達成自己所期望的成功。」

•「眞的非常感謝您的支持，但我也很沮喪，因爲這會影響到我的薪資（如果確實如此的話）。我希望能與人力資源部門談一談，以表達我對此事的擔憂。」

應對「出乎意料的」反饋的有力措辭

如果你的主管說：「我們之前沒談過這問題，但……」，這種情況會令人非常沮喪，因爲你的主管不應該在績效考核中這樣擺了你一道。

以下是一些有力的措辭來應對這種毫無預警的反饋。

「我很感謝您想幫助我改進的心意，但這是我第一次聽到這個問題。我在想，我們能不能建立更常態化的反饋機制，這樣下次就不會那麼令人感到意外了。」

如果這是你第一次聽到這樣的反饋，但他們的擔憂似乎是合理並且是你可以改進的，那麼這可能是你可以選擇的積極應對方式。但如果你覺得自己被擺了　道並且不認同這個反饋，那麼你可以說：

「我對這個反饋有點驚訝，我需要時間消化一下。我們一週後再安排個時間來好好談這件事。」

這樣可以給你時間整理一下思路。另外，你也可以這樣說：

「這是我第一次聽到這樣的反饋，因此在您將它寫入正式的考核之前，是否可以給我一些時間來處理這個問題？我在這方面的改進計畫是……」

如果他們把一些出乎意料的內容寫入考核中，你便可以用這句有力的措辭來請他們刪除，並在正式寫入考核前給你公平的機會來解決這些問題。

應對含糊的績效反饋的有力措辭

當你的主管說：「我一時也說不出具體的例子，但這確實已經造成問題。」此時，你有兩種應對的方式。如果你聽了之後理解到問題所在（你自己能想到一些例子），那麼就謹記在心並著手改進。但如果你自己也實在想不出任何的例子，那麼你可以試試以下的措辭：

- 「我願意下定決心改善這方面的表現，但如果沒有具體的例子，我實在很難知道自己需要改變什麼。」
- 「我眞的很想更深入地了解這件事，但我也很難想到具體的例子。」
- 「您能再詳細說明一下嗎？我眞的很想好好地理解您的顧慮。」

＊＊＊

雖然敷衍、含糊、令人沮喪的反饋可能使人火冒三丈，但它也給你爲自己的職涯發展負起責任的機會。表達你的需求，並讓主管有機會展現其「過人之處」。有時候，他們的見解會令你感到驚訝，並幫助你邁出成功的下一步。

重點整理

應對敷衍、含糊、令人沮喪的反饋的有力措辭

當你沒有得到任何反饋時

- 「謝謝您。那麼，我是在哪方面表現得不錯？我怎樣才能更有效率呢？」
- 「我為＿＿＿＿感到自豪。我很想聽聽您對它的看法。您為什麼認為它很不錯？我怎樣才能在工作中表現更多這樣的績效呢？」
- 「您對我的表現有著獨特的見解，這對我的發展至關重要。您願意坦率地告訴我您的觀察嗎？」
- 「您觀察到我有哪些技能、才能或行為，使我能作出最大的貢獻？我可以具體作出哪些不同的改變來體現更多的價值？」

應對不公的考核

- 「唉，這肯定讓您非常為難。但我必須說，這讓我感到非常＿＿＿＿（冷靜地說出你的心情）。」

- 「我今年真的非常努力工作，我不希望明年此時還是同一套說辭。您是否可以簡單地告訴我，今年我要是能做到哪些事便無疑可以獲得『超出預期』（或其他對應的評級）的考績？我想制定計畫來確保達成自己所期望的成功。」
- 「真的非常感謝您的支持，但我也很沮喪，因為這會影響到我的薪資（如果確實如此的話）。我希望能與人力資源部門談一談，以表達我對此事的擔憂。」

應對「出乎意料的」反饋

- 「我很感謝您想幫助我改進的心意，但這是我第一次聽到這個問題。我在想，我們能不能建立更常態化的反饋機制，這樣下次就不會那麼令人感到意外了。」
- 「我對這個反饋有點驚訝，我需要時間消化一下。我們一週後再安排個時間來好好談這件事。」
- 「這是我第一次聽到這樣的反饋，因此在您將它納入正式的考核之前，是否可以給我一些時間來處理這個問題？我在這方面的改進計畫是……」

應對含糊的績效反饋

- 「我願意下定決心改善這方面的表現，但如果沒有具體的例子，我實在很難知道自己需要改變什麼。」
- 「我真的很想再更深入了解這件事，但我也很難想到具體的例子。」
- 「您能再詳細說明一下嗎？我真的很想好好地理解您的顧慮。」

第23章

上司不欣賞你或無視你的才華時

「由於對上司感到放心，我經常在一對一的會談中，毫無防備地表現出自己的焦慮和壓力。現在我意識到，上司會根據這些互動而對你的能力和領導力形成某種印象，因此我一直在努力讓自己表現得更沉穩。」

——三十七歲美國女性

你努力工作，並且覺得自己表現得很好，但如果你的上司不重視你的專業或看不到你的才華，怎麼辦？我們經常聽到這種抱怨，尤其是來自那些跨越不同時區的遠端工作者。這確實很棘手，因爲自我宣傳或一再地說「你看、你看，我會這個！」總是讓人感到很彆扭。

上司對你能力的認可非常重要。主管的想法會影響你的績效考核、薪酬、特別專案的參與和職涯發展的機會（你可能會發現第10章關於「像隱形人」的內容很有幫助）。在分享有力的措辭之前，我們先來思考爲什麼你的上司會忽略了你的優勢，以及如何獲得你所渴望的關注。

你可能罹患了「湯米綜合症」（說眞的，創造這些綜合症名稱是當作者最有趣的事）。當初你進公司時還是「小湯米」，如今你已成爲高效的成熟領導者。然而，那位從你入職起就認識你的好心上司，始終無法看見你成爲「湯姆」的轉變。在他的眼中，你永遠是「小湯米」。而擺脫「湯米綜合症」的最佳方法，就是幫助你的上司用新的視角來看待你和你的貢獻。

另一個相關的原因可能是，你的上司已經將你的技能歸於某一類。他們只看見你在某方面的才能，而忽略了你在其他方面的能力。我們夫妻在職業生涯的不同階段都經歷過這種情況。曾經有一位上司非常欣賞我（凱琳）管理大型團隊的能力，但他認爲我缺乏經營B2B❶業務的專業能力。他說：「噢，凱琳，你的團隊在中小型銷售方面確實領先全美國，但企業客戶的銷售則完全是另一回事。」

---

❶ B2B（business-to-business）指「企業對企業」，亦即企業將其產品和服務直接銷售給其他企業，有別於B2C（企業對個人消費者）的銷售模式。

請恕我直言，他根本沒看到我的天賦。後來，我欣然接受了另一個單位的升遷機會。那位聘用我的高管看出我在建立策略性夥伴關係和解決複雜的商業問題方面的能力。（是的，我希望那位懷疑者讀到這段話。但他可能不會，因爲……你懂的，他看不到人的天賦。）

我（大衛）也遇過一位上司，他從未了解或重視我在他的部門所做的一切。說句公道話，他確實看重並倚賴我在工作中的某些技術層面。可是當涉及到領導生活境遇各異的多元化團隊時，他並沒有完全重視我的領導能力。我離職兩個月後，他發了一則簡訊給我，只寫著：「我沒想到你在這裡做了這麼多事。」

以上這兩種情況，我們原本可以更有說服力地展現我們的價值，而這也是我們希望你做到的。當然，你的天賦也許還需要進一步的磨練，而你的主管可能有一些能幫助你成長的重要見解。因此，懷著些許好奇心來展開對話是非常重要的第一步。

展示你的能力和成就，爭取相應的職位

被上司忽視的感覺是很棘手的事，尤其當那位上司是你的父親時。兩年來，我在我們的全球家族企業中擔任領導的角色，但沒有正式的職稱。當我最終決定解決這件事時，我先問了自己幾個問題：

- 「我是否已經學會了所有符合這個職稱所該學會的東西？」
- 「我是否有意願承擔隨著職位權限而來的風險？」

當我能以冷靜又堅定的態度對這兩個問題給出肯定的答案後，我就和父親談了這件事。在對話中，我說：

「您知道的，我們全球各地的團隊成員都希望我來帶領他們，甚至用了我從未要求他們使用的頭銜來稱呼我。但現在，我正式向您提出這個請求，同時也希望能得到這個職位的權限與信任——如果您覺得可以接受的話。

「我也明白，這需要一些時間來適應、傳達及完成某些方面的權力交接。如果您信任我，我已準備好承擔這個責任。但是不用急，我們可以慢慢一起來完成這件事。」

——拉尼・普拉尼克（Rani Puranik）

國際油田機械公司擁有者、執行副總裁及財務長

上司看不到你的天賦時的有力措辭

了解上司的看法的有力措辭

當你懷著好奇心想知道主管的看法時，便可以利用以下的對話開場白來發現機會及了解主管的觀點。關鍵是要請對方說出具體的看法。「我做得怎麼樣？」或「有什麼是我該改變的？」之類的問題會讓人覺得很含糊，令人不知從何答起。相反的，以下是一些更好的提問方式。

「接下來的一季，您認為我可以繼續發揮的最大優勢是什麼？我有什麼發展的機會？」

這個有力措辭之所以有效，是因為它具體又明確。你問的是即將到來的未來、某個優勢和某個發展機會。結束對話時，用承諾的語句及設定談論你的進展的時間來安排最後的階段。

「這一季過後我們再碰面，看看我的進展如何。」

「就我擔任的職務來說，怎樣才算表現出色的一年？」

當我們鼓勵客戶提出這個問題時，他們往往會發現自己之前並沒有考慮到某些重要的策略因素。例如，他們已經達成了所有的績效目標，但要達到「出色」的表現，則必須更深入思考提升工作效率的方式。

「您認為我為團隊帶來的三大優勢是什麼？您覺得我可以怎樣利用這些優勢來作出更多的貢獻？」

請上司想一想你的優勢，能使他們更容易記住你的能力，同時你也更能了解上司是如何看待你的。如果他們沒有提及你認爲自己顯然該有的優勢，那麼你可以再追問一個充滿好奇心的問題，例如：「謝謝您的回答。但我覺得我還有一個優勢是＿＿＿＿，您覺得呢？」

表達你的需求的有力措辭

這些表達能打開你在高層主管面前的曝光度，從而使你有機會展現自己的專業能力和過去的成就。

「我一直致力於＿＿＿＿，因爲我知道這對我們的策略來說有多麼重要。我可不可以在即將到來的員工會議中，用十分鐘的時間向您和團隊報告最新的情況？」

這是很棒的開場方式，因爲你的請求是與業務相關的。

「由於這幾年的遠端工作，我覺得我們錯過了一些眞正了解彼此、以及我們各自爲團隊帶來哪些貢獻的機會。我可不可以在即將到來的會議中，安排時間讓每個人說說自己帶給團隊哪些最大的優勢？」

這能表示你對團隊中的每一個人的關心，並加強了彼此的連結。

一旦你表現出好奇心，並尋求展示能力和成就的機會，那麼你也可以稍微直接一點地提出你的需求。

- 「我覺得我在______方面做得不錯。我希望能有機會透過______來表現這一點。」
- 「我知道您可能沒什麼機會看到我在______方面的能力。不如讓我來負責______（某個特殊專案或試驗計畫），您覺得如何？」

***

當你覺得主管未能看見或重視你的優秀特質時，首先要保持好奇心。注意觀察是什麼掩蓋了你的獨特價值，以及他們認爲你的發展機會在哪裡。只要知道主管的觀點，你便可以策略性地運用這些措辭來展現自己的能力，以及提出你的需求。

讓上司看見你的天賦的有力措辭

了解上司的看法

- 「我是否已經學會了所有……？」
- 「我是否有意願承擔隨著職位權限而來的風險？」
- 「我正式向您提出這個請求。如果您覺得可以接受的話，我們可以慢慢一起來完成這件事。」
- 「接下來的一季，您認為我可以繼續發揮的最大優勢是什麼？我有什麼發展的機會？」
- 「這一季過後我們再碰面，看看我的進展如何。」
- 「就我擔任的職務來說，怎樣才算表現出色的一年？」
- 「您認為我為團隊帶來的三大優勢是什麼？您覺得我可以怎樣利用這些優勢來作出更多的貢獻？」

- 「我覺得我還有一個優勢是＿＿＿＿，您覺得呢？」

表達你的需求

- 「我一直致力於＿＿＿＿，因為我知道這對我們的策略來說有多麼重要。我可不可以在即將到來的員工會議中，用十分鐘的時間向您和團隊報告最新的情況？」
- 「我可不可以在即將到來的會議中，安排時間讓每個人說說自己帶給團隊哪些最大的優勢？」
- 「我覺得我在＿＿＿＿方面做得不錯。我希望能有機會透過＿＿＿＿來表現這一點。」
- 「我知道您可能沒什麼機會看到我在＿＿＿＿方面的能力。不如讓我來負責＿＿＿＿（某個特殊專案或試驗計畫），您覺得如何？」

第24章

上司認為你過於消極或負面時

「彼此多了解一點。」

——二十六歲墨西哥男性

「別那麼消極、負面」這種反饋會令人非常沮喪，尤其是當你並不覺得自己消極或負面時。我（大衛）對此深有體會，因爲在我的職業生涯和人際關係中，曾多次聽到這樣的反饋。令人沮喪的原因是，我並不認爲自己是消極或負面的。就我的立場而言，我不過是參與討論某個想法、回答他們的問題，並試圖預防問題的發生罷了。

好消息是，有一些有力的措辭既不需要改變你的個性，又能幫助你在每個團隊和對話中展現出自己最好的特質。（這些建議僅對整體健康狀況良好的人有所幫助，它們並無法解決憂鬱或其他心理健康的問題。倘若你長期感到陰鬱、悲觀或絕望，請向心理健康專業人士尋求諮商。）

想像一下這種情況：在一次領導會議上，你的上司提出一個理論上聽起來很棒的想法。假設他們想聘請承包商，因爲這看起來既省錢、省時又能解決問題。然而，你比他們更了解實際的情況。你很清楚這個計畫在執行上會遇到三大障礙。此時，你該怎麼辦呢？也許你會說：「我發現這將面臨幾個困難……」，然後列出這些難處。

你錯了嗎？

你可能是對的。事實上，你是想爲公司省時、省錢、避免帶給團隊不必要的壓力，同時發現了他們提議中的重大缺陷。你的擔憂是有道理的。你是出自於關心，並且是正確的。但即使如此，還是有人說你太消極、負面了。原因何在？

這可能是因爲你太快切入問題了。對許多人來說，直接指出問題和困難是他們難以接受的。對於那些「行動派」的人來說，障礙會令他們感到氣餒——他們希望看到的是行動。如果你面對的是「創意型」的人，他們想要的是探索和擴展想法，而不是在自己的創意和動力還沒萌芽之前就被潑了冷水。

至於那些重視人際關係的人，直接指出問題則會讓他們覺得苛刻又不尊重人。障礙……潑冷水……苛刻……不尊重。這些詞有哪些共同點？它們都是消極和負面的。因此當你只是想防患於未然時，上司卻可能會認爲你太消極、負面了。而這還是假設你的分析一直都是正確無誤的前提下——但這顯然是不可能的。

專家見解

對方聽到了什麼是溝通關鍵

被認爲是消極或負面的可能讓人覺得很冤枉。但在應對職場衝突、建立信任以及提升影響力時，他人的觀感才是關鍵之所在。我們曾訪問過全球首屈一指的領導力教練馬歇．葛史密斯（Marshall Goldsmith），他是《放手去活》（*The Earned Life*）一書的作者。談到領導力時，他說：「我們說了什麼並不重要，重要的是對方認爲他們聽到了什麼。」①

上司認爲你太消極或負面時的有力措辭

你的主管和團隊需要你深入思考各種想法，並確保你們共同執行的解決方案可以盡量完善。想擺脫被視爲消極、負面的印象，就要先從建立連結開始。

「哇，這個點子不錯喔……」

首先，找出這個想法有趣、有意思或積極的一面，並且說出來。這會讓你和對方建立連結。你還可以參考兩種說法：

- 「眞佩服你能想到……」
- 「這是很有創意的觀點。」

---

① 大衛．戴伊（David Dye），「與馬歇．葛史密斯談《放手去活》（*The Earned Life*）」，〈不失本心的領導〉（*Leadership Without Losing Your Soul*），二〇二二年五月九日，MP3音檔二十一分四十三秒。https://letsgrowleaders.com/2022/05/06/the-earned-life-with-marshall-goldsmith/.

在肯定了他們的想法之後，你可以接著說：

「爲了確保成功，我們可以……」

這個有力措辭至關重要。你還是會說出你的疑點或顧慮，但不再將它說成是問題，而是把它包裝成解決的方法或機會。

例如，對於你的上司提出聘請承包商的想法，你可以說：

「這是很棒的想法。我們可以做三件事來確保它能成功。首先，我們要確認承包商在這項技術上是有經驗的。還有，如果我們能找到符合預算要求、延長合約不另外收費，又有可靠團隊支持的承包商，那麼這個計畫確實是行得通的。」

將你的分析表達爲「讓這個想法成功的方法」，會產生奇妙的效果。你的擔憂不再被視爲阻撓，而是在促成這個想法。當人們聽到怎樣「讓他們的想法成功」時，他們會得出自己的結論。他們可能會提出後續的解決方案，或者說：「嗯，有道理，這個想法可能還不夠好。」你並沒有否定他們的想法，而是以支持的態度來讓他們進一步思考。

「爲了確保能好好地考慮你的想法，我們明天早上再談好嗎？」

當你知道自己狀態不佳時，便可以使用這句有力的措辭。如果你感到疲憊、沮喪或被其他問題搞得頭昏腦脹，你可以先暫停一下，不要立即回應。對自己的心態和語氣負責，有助於避免因狀態不佳而被人誤解爲消極或負面。

重點整理

上司認為你太消極或負面時的有力措辭

- 「哇，這個點子不錯喔……」
- 「真佩服你能想到……」
- 「這是很有創意的觀點。」
- 「為了確保成功，我們可以……」
- 「為了確保能好好地考慮你的想法，我們明天早上再談好嗎？」

【第五部】

應對難搞的人

說服懶散者及
贏得抱怨者

第25章

應對懶散的同事

「你可以直接跟同事提出這些問題。有時候，他們只是沒意識到自己造成的影響，而一次簡單的對話便能解決問題。」

——二十八歲加拿大女性

滑手機刷社群媒體、漫長的午餐、遲到早退、悠哉地交出半成品；總是泡在咖啡機旁或虛擬聊天室裡；動作比靜坐冥想的樹懶還慢吞吞……沒什麼比長期習慣懶散的同事更令人惱火的了。

我們很容易會想：「我幹麼這麼拚命工作，而這傢伙卻能這樣混日子？難道主管都沒注意到嗎？」

應對懶散同事的難處就在於，從技術面來講，這並非你要解決的問題。你的主管或許已經在處理此事，但礙於保密不能透露。不過，也有可能你的主管本身也很懶散或想避免衝突。

我們先從「不要做的事」開始：首先，別學他們的壞習慣。相反的，你要把自己的角色做到最好，並與你欣賞和信任的同事建立關係網絡。將你的挫折感轉化為動力來確保你的表現能夠脫穎而出。最糟糕的做法就是在工作或標準上鬆懈，畢竟你的聲譽會比這位懶散同事的影響力更為久遠。此外，第14章關於團隊責任感的內容在此也可能派上用場。

再者，別參與任何小題大作的戲碼、抱怨或關於懶散同事的閒言閒語。我們見過一些原本表現出色的人花了大量時間在抱怨懶散的同事，而他們因此浪費掉的時間其實比懶散的同事還要多。

除了記住這兩件「不要做的事」，你還可以利用以下的有力措辭，來幫助你與懶散的同事進一步交流，並在必要時提出你的關切。

與懶散的同事建立連結的有力措辭

我們先從直接跟同事展開對話的語句開始。那位懶散的同事可能因某些事而不知所措，或正在經歷一些你無法完全了解的事情。

「我注意到你最近花了很多時間在處理私人電話，你還好嗎？」

當然，關心同事並不是你的「職責」。但如果對方眞的有什麼事情發生，此時充滿好奇與善意的關懷可能正是你們雙方所需要的。

「我很擔心我們的團隊，大家的壓力都好大。我們能不能聊聊怎樣好好地支持彼此和整個團隊？」

這種「同舟共濟」的有力措辭非常有效，因爲你是在邀請他們一起合作，而不是在指責他們。

「最近，我覺得自己承擔了太多的工作。我很想知道你的看法。」

這種表達結合了明確與好奇——懷著好奇心明確地說出你的擔憂。

「哈囉，（某人），你能幫我一下嗎？」

有時候，直接的請求可以讓懶散的同事馬上動起來。

專家見解

透過請求建議，讓主管正視懶散同事的問題

在某種程度上，最好的處理方式取決於你和上司的關係以及他們的個性。如果你們的關係良好，並且他們更喜歡直截了當而非行禮如儀，那麼你可以直接說：「嗨，我不確定這樣說是否合適，但我有點擔心鮑伯老是把他的工作丟給我。我很樂意在必要時提供幫助，但我注意到他經常花大量的時間在社交而不是工作。我覺得如果他能把心思多放在工作上，可能就不需要我幫忙了。您可不可以給我一些建議，告訴我該怎麼處理這種情況？」

要注意的是，這種表達是以請求建議的方式提出的，而不是將問題推給上司處理。如果你的上司是個稱職的領導，他們無論如何都會主動處理這件

事——希望他們能多留意鮑伯上班時間都在做什麼，並在看到問題時與他進行溝通。但透過請求建議，你讓這件事變成比較像是請教，而不是「告狀」。

——艾莉森．格林（Alison Green）

《請問主管》（*Ask a Manager*）和「請問主管部落格」作者

向主管反映懶散同事問題的有力措辭

如果你已經試著跟同事溝通，但他們的懶散態度還是影響到你的工作，那可能就是該讓主管了解狀況的時候了。以下是一些有用的表達方式。

「我注意到（同事名字）做的事和我們其他人做的不成比例，這已經影響到我們的工作效率和表現。我並不想越權干涉，但我希望您能了解這對團隊其他人的影響。」

用陳述的方式表達，可以讓主管不會覺得必須馬上作出回應。這種方法之所以有效，是因爲你談論的是對結果的更大影響，而不是純粹在抱怨某個人。

「嗨，老闆，我發現我們最近有幾個工作沒能按時完成。我手上的工作已經很滿了，但我想確保我們的團隊能達成目標。在這段困難的時期，有沒有什麼短期內我可以幫上忙的地方？」

這樣的表達方式可以避免責怪或抱怨的語氣。別沉不住氣說出類似「我知道這個人有多懶……」之類的話，而是要利用這個機會將對話的重點放在你自己、以及你如何能有效地提供幫助上。

如果你的主管已經注意到並在私下處理這位懶散的同事，那麼這種措辭再合適不過了。但如果你在對話中發現主管在迴避這個問題，那麼一再使用這種措辭也無濟於事。

＊＊＊

應對懶散的同事，最重要的是記住，主管才是正式的責任承擔者。你只要從工作成果的角度來表達你的關切，並確保主管知情即可。此後，最好的做法是專注於自己的工作，並與那些有生產力的同事建立良好的關係。

重點整理

應對懶散同事的有力措辭

與同事建立連結

- 「你還好嗎？」
- 「我們能不能聊聊怎樣好好地支持彼此和整個團隊？」
- 「我覺得自己承擔了太多的工作。我很想知道你的看法。」
- 「你能幫我一下嗎？」

向主管反映

- 「我並不想越權干涉，但我希望您能了解這對團隊其他人的影響。」

- 「您可不可以給我一些建議，告訴我該怎麼處理這種情況？」
- 「有沒有什麼短期內我可以幫上忙的地方？」

第26章 應對自以為什麼都懂的人

「要捍衛你自己的觀點。」

——二十四歲俄羅斯女性

如果你直接翻到這一章，你肯定知道這種人：一個自以爲無所不知、毫不猶豫地高談闊論、質疑一切並與你爭論的同事。他們會提出未經請求的建議或提供不需要的幫助。這些人會讓你忍不住想大喊：「眞是多管閒事！」或「拜託，這我可以自己處理啦！」

跟自以爲什麼都懂的人打交道會令人感到無語的原因是，有時候他們確實懂得很多，但是他們那種狂傲的態度，總是讓人難以接受他們的（通常是未經請求的）建議。有時候這種「什麼都懂」的表現，其實只是在不安地掩飾自己的無知。不管是哪種情況，懷著連結與好奇的態度去應對，往往是很好的開始。

我（凱琳）二十多歲剛拿到碩士學位時，終於有機會進入《財星》全球前二十大公司的人力資源部門，我的職責是打造高效的團隊。幾個月後，我發現研究所學習的那些激勵理論，並不足以應對這變化莫測和混亂的政治動態的複雜組織。我面對著陡峭的學習曲線，而大多數時候它著實讓我吃了不少苦頭。

我花了比自己所能負擔的更多錢買了幾套像樣的套裝，並閱讀了所有能找到的關於高管的書。每當工作上遇到新的問題，我就會翻開教科書來尋找答案。我想在外表上表現得完美自信，以彌補我內心的不安。

每次會議上我都展現出自己的專業，這樣我才不會看起來「眼高手低」。直到有一天，我那有著二十多年經驗的同事桃樂絲把我拉到一旁，問我：「你知道鮑伯對所有人怎樣說你嗎？」

鮑伯是個喜歡交際、作風老派的人。若說誰能影響所有的人，那肯定非他莫屬。「什麼？」我做好了心理準備，準備聽取那些我可能犯下的政治錯誤或失敗的判斷。

「他跟大家說你是天之驕子，他們得長眼一點。我記得他當時是這樣說的，你是公司請來的專家，如今正大展身手，無往不利。」

看見我滿臉難以置信的表情，桃樂絲笑了：「我知道這很可笑——你其實只是個善良又笨拙的孩子。凱琳，如果你聰明的話，你應該讓鮑伯看到你背後的掙扎，並向他請教。別再努力想留下好印象了，告訴他你需要一些建議。」

那次和鮑伯的談話，是我喝過最划算的一杯咖啡（很難找到比一場美好的咖啡對話更高回報的投資了）。鮑伯需要知道，而我也清楚自己並非是一個什麼都懂的人。他仔細傾聽並主動提出幫助，同時不再對我說三道四了。最終，他甚至還爲我的一些重要計畫背書。

在我們的研究中，許多「什麼都懂的人」更像是桃樂絲時期的那個笨拙的凱琳——他們會過度展現自己所知的一切來掩蓋自己的無知。

還有一些「什麼都懂的人」確實知道不少東西。有時候他們提出的問題都是切中要害，並且往往是出於眞心想要幫忙。這類人可以促使你思考得更深入。當你知道辦公室那位「什麼都懂的人」在場時，你甚至可以預料到他們會問什麼問題。重新檢視你的資料，並準備好如何回應對方。

應對「什麼都懂的人」的有力措辭

如何在展現自信、願意開口的同時，又能從他們的專業中受益呢？將你的有力措辭派上用場吧。

幫助「什麼都懂的人」了解其行為影響力的有力措辭

你那「萬事通」的同事可能並不了解他們所帶來的影響。如同我們從桃樂絲那裡看到的，有時透過一場溫和的對話來指出他們的行爲及其影響力，便能帶來巨大的改變。

「我相信你的出發點是好的。但有時候當你告訴我該怎麼做時，我會覺得你是在質疑我的專業。」

先將對方視爲出於好意可以緩和對話的氣氛，同時也讓他們更能接受你接下來要說的話。當然，前提是你必須遵循第5章所討論的語調與說話方式的指導。這是在明確地陳述他們的行爲對你造成的影響。我們見過這樣的應對方式，對那些眞心想幫忙的「萬事通」產生了魔法般的效果。

「你覺得剛才的情況如何？（停頓，等對方回應。）你注意到其他人的反應了嗎？」

你可以將這句充滿好奇心的有力措辭，運用到任何出現「萬事通」行爲的情境中。如果他們眞的對自己的行爲影響力一無所知，他們可能會覺得一切都很好，這時候你就需要再進一步探詢。也有可能他們感覺到有些不對勁，卻又說不出問題所在。懷著眞誠的好奇心從這裡展開對話。

「我發現有時候當你主導了對話，其他人好像就會開始不發一語。比如說……」

這句有力的措辭是另一種明確的表達，爲後續的探詢鋪路，例如：「這到底是怎麼一回事呢？」我們在第14章深入討論了這種觀察與探詢的組合，並分享了 I.N.S.P.I.R.E. 對話法來進行問責的對話。如果你喜歡這種方式，也可以回過頭去複習一下。

專家見解

在團隊中，行動勝於言辭

海軍陸戰隊有一項不變的慣例，剛完成作戰訓練的無經驗、充滿理想主義的新手中尉，必須向經驗老道的士官長拜碼頭。在我三十多年的領導經驗中，那次新手中尉的經歷是我職業生涯中許多類似情況的開始。

雖然你很可能不是加入步兵營，但人性終究是共通的。在這次拜碼頭前，我收到了一句適用於這類對話的明智建議：「你有兩隻耳朵、兩個眼睛和一張嘴巴，你就按照比例來使用它們吧！」

我們的關係始於一場聚焦於士官長觀點的對話，隨後我們建立了共同的目標。在狀況緊張的時刻保持一致的做法，可以使我們能進行協調、隱性溝通、明確彼此的角色、發展組織願景的共識、實現共同的目標，並在打造世界級戰鬥組織的過程中，發揮彼此的優勢。

行動勝於言辭

你的行動將決定你是什麼樣的人。雖然有力的措辭可以爲你鋪設舞台，但隨後的行動將決定你的可信度，抑或削弱你與其他人的夥伴關係。就像人生中的大多數努力一樣，在建立關係的過程中沒有中立的選擇——每一天，關係不是變得更好，就是變得更糟。

有力的措辭

- 「如果你處在我的立場，你會關注什麼？」
- 「你認爲我們團隊的優勢是什麼？你覺得我們在哪些方面可以改進？」
- 「你喜歡什麼樣的溝通方式？」
- 「你希望停止哪些事項？希望保留哪些事項？希望開始哪些事項？」

——維爾格．帕倫博（Virg Palumbo）
Kforce 組織效率總裁、美國海軍陸戰隊上尉（1993-1999）

幫助主管讓更多聲音進入討論的有力措辭

如果你是主管，並且團隊中有自以爲什麼都懂的成員，他們可能會在討論中吸走所有的空氣（在虛擬會議中，其他人就更難進入對話了）。但爲了作出最好的決策，你必須讓大家都參與討論，聽取每個人的聲音和觀點。

「我眞的需要你的幫助來讓其他人參與討論。你覺得你能幫我做到這一點嗎？」

讓每個聲音都能進入討論的一個方法是，將那位自以爲什麼都懂的成員單獨找來，然後請他幫忙引導其他人參與討論。你可以先認可他們的專業來爲此鋪路：「我知道你在這方面是專家，我需要你的幫助。」這樣既能維護他們的自尊心，又能讓他們停止主導對話。

「爲了確保聽見每個人的聲音，我會設定計時器讓每個人都有五分鐘的時間發言。」

不要過度使用這個措辭，但這是建立規範的好方法，表示其他人的意見也很重要。

分享你的專業的有力措辭

有時你必須堅定自己的立場，並分享你的專業知識。這些有力的措辭可以幫助你重新主導話題，並禮貌地向那些「萬事通」表明你並不需要他們的幫助或建議。

「眞的很感謝你的幫助，但我自己能搞定這件事。」

這種明確的表達方式直接又有效。

「我已經在這方面投入相當多的時間，我對這種方法（或決策）充滿了信心。」

這句自信的明確陳述比前一個稍微細膩些，但同樣給你機會去堅持自己的專業。

「我們必須迅速行動，所以我將作出決定。」

如果你確實是這個決策的負責人，那麼這句話可以產生奇妙的作用。

***

你與「萬事通」的對話方式，會根據你們的關係和他們的接受度而有所不同。爲了增加成功的可能性，請抱持積極的意圖來參與對話（亦即強烈希望對他們有所幫助並與他們合作）。對自己的專業保持自信，同時對他們的狀況保持好奇心。

重點整理

應對「什麼都懂的人」的有力措辭

幫助「什麼都懂的人」了解其行為的影響力

- 「我相信你的出發點是好的。但有時候當你告訴我該怎麼做時，我會覺得你是在質疑我的專業。」
- 「你覺得剛才的情況如何？你注意到其他人的反應了嗎？」
- 「我發現有時候你會主導整個對話，比如說……」
- 「如果你處在我的立場，你會關注什麼？」
- 「你認為我們團隊的優勢是什麼？你覺得我們在哪些方面可以改進？」

- 「你喜歡什麼樣的溝通方式？」
- 「你希望停止哪些事項？希望保留哪些事項？希望開始哪些事項？」

讓更多聲音進入討論

- 「我真的需要你的幫助來讓其他人參與討論。你覺得你能幫我做到這一點嗎？」
- 「我知道你在這方面是專家，我需要你的幫助。」
- 「為了確保聽見每個人的聲音，我會設定計時器……」

分享你的專業

- 「真的很感謝你的幫助，但我自己能搞定這件事。」
- 「我已經在這方面投入相當多的時間，我對這種方法（或決策）充滿了信心。」
- 「我們必須迅速行動，所以我將作出決定。」

第27章 應對慣性抱怨者

「別捲入無謂的紛爭。」

——二十歲新加坡女性

面對慣性的抱怨者時，你可能會想：「噢，眞想怒嗆回去說『少廢話，趕快去工作啦！』」雖然這樣感覺滿痛快的，但你有更好的選擇。在討論這些選擇之前，我們先來聊聊菲爾的故事。

有一次，我（大衛）正準備開始一家大型工程公司的工作坊，當時人力資源主管把我拉到一旁說：「你得注意一下菲爾這個人，他是個麻煩人物。」

「『麻煩人物』是什麼意思？」我問。

了。」

「這個人看什麼都不順眼，昨天在課堂上抱怨不斷，結果中場休息時直接把主持人氣走

哇，抱怨者眞的有這種本事。他們能消耗你和你的團隊的精力，讓每個人都想逃之夭夭。幸好，我們有應對這種職場衝突的有力措辭。（如果你經常收到反饋說你這個人太消極、太負面或太愛抱怨，記得看一下第24章。）

應對永遠不滿意的抱怨者的有力措辭

我們來談談兩種類型的慣性抱怨者。一種是那些永遠都不滿意的人，我們可以稱他爲「牢騷先生」。牢騷先生即使身處五星級度假村，享受著有人用椰子油按摩他的手指，他也能找到抱怨的理由。「這裡太熱了；我能聽到你的呼吸聲；這椰子油的味道太濃了。」但實際上根本沒有任何的問題、擔憂或威脅存在。牢騷先生之所以抱怨，純粹只是因爲這樣發幾句牢騷會讓他感覺更好。

像牢騷先生這樣的慣性抱怨者會耗掉你極大的時間和精力。你可以運用一些有力的措辭來應對這種行爲，並脫離無益的爭論。

「在過去這一小時裡，你提到說你對我們的開會時間、必須作的決定、以及使用的會議軟體感到不滿意。這是什麼原因呢？」

在此，請用中立、不帶評判又充滿好奇的語氣來提問。當你指出那些可能是「怎樣都不滿意」的慣性抱怨者的行為時，他們往往會有所收斂。透過這種方法，你能眞正了解是否存在實質的問題。你既沒有忽略他們的聲音，也不會助長他們的負面情緒。如果他們的抱怨有其正當理由，那麼你可以傾聽、反思對方的立場來建立彼此的連結（第十一條雋永金句），並試著促使他們採取行動。

「這聽起來確實令人沮喪。你想改善這種情況嗎？」

這句有力的措辭可以幫助你判斷，你是否在和一位牢騷先生交談。如果他們的回答是肯定的，請直接跳到本章的下一節用適當的措辭來繼續對話。但如果他們的回應是：「唉，算了吧，這沒什麼用。」那麼就該結束這段對話了。

「這眞傷腦筋。對了，我還有工作要趕，得先回去忙了。希望你今天一切順利。」

你不能比他們自己更在乎這件事。如果連他們自己都不願意改變任何事，你就該抽身結束這場對話。

應對眞正出於關心的慣性抱怨者的有力措辭

另一種常見的慣性抱怨者，是眞正關心團隊和你的工作的那些人，只是在他們那種看什麼似乎都不順眼的外表下，你很難看出他們的關心。我們姑且稱這種眞正出於關心的抱怨者爲「雞婆小姐」。與雞婆小姐打交道時，了解她的內心狀態是很有幫助的。有些人對生活的態度天生就是比較謹慎或傾向自我保護，這能讓她們保持平安或避免災難（至少感覺是如此）。

如果你告訴雞婆小姐說她們太消極、太負面或老是在抱怨，她們很會誠實地回答你：「不是這樣的，我是想要防患於未然、避免不必要的問題，以確保我們的工作能順利地進行。」事實上，她們那種分析性、抱著懷疑態度的看法，確實能在決策過程中成爲一種寶貴的資產。困難的地方在於，如何幫助這些眞正出於關心的慣性抱怨者充分發揮她們的價值，同時又不受她們的負面情緒或懷疑態度的影響。

除了理解她們的一般態度外，了解「慣性」的原因也很有幫助。眞正出於關心的人會頻繁地抱怨，往往是因爲她們覺得自己的聲音沒有被聽見。人們把她們視爲「消極或負面」的人，聽到她們的話也只是翻白眼，於是懷疑的情緒就會更加嚴重。一些有力的措辭有助於將這種能量導向更好的結果。好奇心和連結可以產生奇妙的作用。

「聽起來你好像很擔心……」

抱怨者提出問題時，別急著打斷她們。用這句有力的措辭來確認你是否正確地理解了對方的意思（沒錯，這又是第十一條雋永金句的另一種變體——它被稱作「雋永金句」可不是浪得虛名！）。如果她們的情緒變得激動，請拿起筆和紙將她們的話記下來。事實上，光是認眞對待她們的這一舉動，便足以緩解她們累積的部分壓力。

「還有什麼？」

這句話在與眞正出於關心的抱怨者交談時，是非常有力量的表達。你已經專心聆聽，並寫下了她們所說的內容。此時，當你再問「還有什麼？」時，這會帶來一個停頓的片刻來讓她們反思。這能讓她們跳脫「反正沒人聽，我就繼續嘮叨下去」的自動駕駛模式，並開始批判性地思考問題。如果她們說出更多的內容，你就繼續傾聽並記錄下來。你可能需要再多問一次「還有什麼？」，才能讓她們把所有的顧慮都說出來。

專家見解

傾聽之道

傾聽就是願意改變自己的想法。

——奧斯卡．特林波利（Oscar Trimboli）

《傾聽之道：發現良好溝通的祕密關鍵》（*How to Listen: Discover the Hidden Key to Better Communication*）作者

「如果……，你認爲會有什麼後果？」

這句有力的措辭能幫助你們雙方重新看待問題。有時候抱怨者會回答：「嗯，其實後果好像也沒那麼嚴重。」然後她們就把這件事放下了。但如果她們認爲存在重大的隱憂，那麼你可以接著問：

「如果我們能解決這個問題，你會有什麼感覺？」

對於習慣抱怨的人來說，她們那種看什麼都不順眼的態度已經根深柢固，以至於很難想像生活會有所改善。而當你邀請她們思考問題解決後的感受時，這就爲尋找解決的方法打開了一扇門。

「你認爲我們可以怎樣解決這個問題？」

用這句有力的措辭將對話轉向解決之道。她們可能已經有一些想法，你們可以一起共同探討。

「如果你一彈指就能想出解決辦法，你會希望看到什麼？」

對眞正出於關心、但不確定該怎麼辦的抱怨者，這種問題能幫助她們想像改變而打破思想上的僵局。她們的解決方案也許暫時不具實際的可行性，但它可以成爲行動的起點，或是讓她們了解到情況其實沒有自己所想的那麼糟。

「聽起來你是想要……」

總結你們的對話時，將重點放在對方接下來想採取的行動上。（倘若她們眞的無法提出切實可行的方案，你可以建議她們再觀察一個月，看看情況是否有任何變化。）

「這次談話很開心……」

在某個時間點，你必須幫助眞正出於關心的抱怨者行動起來（同時回到你的工作上）。這句有力的措辭強調你們的對話「已經」完成了。你或許還需要加上一句：「我得回去處理……」

＊＊＊

事實證明，菲爾並不像那位人力資源主管所擔心的那麼難搞。事實上，他確實有眞實且合理的顧慮。在傾聽他的問題並給予眞誠的回答後（即使答案並不總是他想要的），菲爾最終成爲我的工作坊的支持者。當你運用這些有力的措辭並眞心傾聽時，你也能幫助到那些經常抱怨的同事。

重點整理

應對慣性抱怨者的有力措辭

應對永遠不滿意的抱怨者

- 「你提到說你對於……以及……感到不滿意。這是什麼原因呢？」
- 「這聽起來確實令人沮喪。你想改善這種情況嗎？」

- 「這真傷腦筋。對了，我還有工作要趕，得先回去忙了。希望你今天一切順利。」

應對真正出於關心的慣性抱怨者

- 「聽起來你好像很擔心……」
- 「還有什麼？」
- 「如果……，你認為會有什麼後果？」
- 「如果我們能解決這個問題，你會有什麼感覺？」
- 「你認為我們可以怎樣解決這個問題？」
- 「如果你一彈指就能想出解決辦法，你會希望看到什麼？」
- 「聽起來你是想要……」
- 「這次談話很開心……」

第28章
應對職場霸凌

「回想起來，我覺得當初應該為自己挺身而出，而不是對欺負我的人妥協。我只是害怕傷害到她或捲入難看的爭吵。然而，這種恐懼造成我在那段時間無法為自己的許多事情作出決定，比如我的職涯發展、工作等等。如今的我已經變得更堅強。如果歷史重演，我會以不同的方式來應對這樣的霸凌。」

——四十七歲杜拜女性

職場中，本來就不應該有霸凌的行爲。當你遇到眞正惡劣的霸凌時要有心理準備：就算是最有力的措辭也可能對這些霸凌者不起作用，你或許必須直接向人事部門反映這件事。儘管如此，在大多數情況下，一句表達清晰的有力措辭就可能是扭轉局勢的關鍵。

遺憾的是，我們的研究中充斥著霸凌的故事。而那些成功解決的情況有兩個共同點：首先，被霸凌的人並非獨自面對問題；再者，他們在當下並沒有立即作出反應，而是用謹慎的言辭來進行一場精心策畫的干預。

弗雷德的故事（現已成為執行長）

我曾經參與一個專案，期間有某位同事犯了錯，但他的主管卻認為是我的責任，還留了一段嚴厲的語音郵件給我，並發了副本給團隊的其他六個人。他在訊息中針對我進行攻擊。我當時是新人，就算真的是我的過錯，他的做法仍然極其過分，因為實在是太侮辱人了。

我真的非常沮喪，於是進到會議室打電話給一位同事，對他說：「我真的需要你的幫助來處理剛才發生的事。」這對我來說是件大事，因為我通常不會那麼脆弱。能打破慣例向他人開口求助，這對我來說意義非常重大。

後來，我召集了整個團隊，包括那位犯錯的同事。在一個連我自己都沒想到的自信時刻，我堅定地說：「難道我們要這樣一起工作嗎？大家互相指責、彼此叫囂，甚至公開羞辱？」我當時感到非常挫折，而那一天，我願意說出自己的心聲。

這次的干預起了作用，這個聲明表明了我不是好惹的人。我認為應對職場霸凌的最佳方式就是直接、堅強和專業。你不能讓他們的行為毫無後果，即使你只是職位較低的一方。對這些隨便欺侮人的霸凌者來說，你的尊嚴和韌性會令他們感到尷尬，也會讓他們在現場的目擊者面前更顯得難堪，他們將來也更不可能再找你的麻煩。

「難道我們要這樣一起工作嗎？」是一個極佳的例子，展示了如何面對霸凌者而不直接攻擊對方個人。這句話明確地表達了大家目前和未來的合作方式。

應對職場霸凌的有力措辭

以下是一些經得起時間考驗的建議，它們能幫助你面對霸凌者、釐清彼此的關係，並制止他們的行爲。

「你不能這樣。」

說出「你不能這樣」會清楚地傳達一個訊息：你不會容忍他們的霸凌行爲，並且期望他們尊重你。當然，面對惡意的人總是令人畏懼，但你有權在安全的職場環境中工作。爲自己發聲並設定界線，是保護自己及爲所有人創造更好的工作環境的重要一步。

「不准你這樣對我說話。」

這句話與「你不能這樣」有異曲同工之妙，表明你不會接受這樣的對待。

「我希望私下和你討論這個問題。」

你也可以清楚地表明你希望在什麼時間和地點進行討論。許多職場霸凌者喜歡在眾人面前表現。透過說「我希望私下和你討論這個問題」，你便可以掌控局面，並移除他們的觀眾。

倘若霸凌者拒絕私下討論，你可以接著說：「我比較希望能私底下談，但……」，然後加入本章提到的其他有力措辭，例如：「我比較希望能私底下談，但如果你堅持要在這裡討論，那也可以。不過，剛才那樣的態度我是無法接受的。只要能避免人身攻擊或侮辱，我很樂於進行有深度的討論和接受不同的意見。」

「我不接受這種做法。」

這是一種明確地表達自己的作風的方式。職場霸凌者往往會試圖挑起他人的反應。透過說「我不接受這種做法」，你拒絕了參與他們的遊戲，並堅持你有權利受到尊重。這句話表明了他們的挑釁不會得逞。

「當……時，我會很樂意……」

這是另一種明確地表達你的作風的方式，例如：「當我們能不用侮辱性的話語時，我會很樂意進行這場對話。」明確地表達你的作風可以恢復你的力量，而這正是霸凌者企圖奪走的。

「我希望人事部門參與這次討論。」

當其他方法都無效時，這句有力的措辭就至關重要。透過說「我希望人事部門參與這次討論」，你表明了情況的嚴重性。你是在告訴對方，你不會容忍被霸凌，並且會採取行動來保護自己和團隊。

莉莉的故事（現已是成功企業家）

我的公司被收購併入非常不同的企業文化和領導風格中。在我們開始合作的過程裡，有許多複雜的問題出現。合作失敗的一個結果是，我在客户的會議室向最高層的贊助者進行簡報的前幾分鐘，才收到關於簡報內容的關鍵資料。

因此，我在會議室與客户團隊一起更新我們的簡報文件（此時壓力非常大，因為再過一會兒，不管有沒有準備好，我都得趕鴨子上架），在場的還有我的新執行長。就在我忙著搞定這些事情時，他卻衝著我對簡報批評得體無完膚，還不停地搖頭來強調他的失望。他讓在場的每個人都感到不舒服，把整個氣氛都搞壞了。但此刻為時已晚，再怎麼補救也來不及了。

我等了一週讓情緒稍微平復後，才安排一場電話會議，與會者有那位新執行長和他團隊中的專案經理（他信任的人），當時這位專案經理也在客戶的會議室的簡報現場。

電話會議中，我保持冷靜並解釋說：「這就是我當時在那種情形下的狀況。」我同時還表達了我的擔憂，擔心客戶目睹這一幕時的感受。

我還成功地駁斥了他那時提出的一些批評。針對這些批評，我當時不想在客戶面前與他爭辯。

起初，他還企圖淡化自己的行為，否認當時有客戶在場，但他的專案經理證實了這一切。新執行長深吸了一口氣，說：「你能等到適當的時機和環境才來和我談這些事，這需要很大的成熟度和自制力。謝謝你。」

這次的對話沒有挽回那件案子，但卻在我們之間建立了更多的信任。我不想全部攬功。新執行長對這次對話的回應，比他在客戶的會議室時的反饋更加深思熟慮和具有策略性。從我的角度來看，這件事告訴我們的是，與你的上司進行棘手的對話時，時間、地點和與會者（誰在場）才是最重要的。

＊＊＊

應對職場霸凌絕對稱不上是有趣的事。然而，迅速採取行動可以防止情況惡化。透過運用這些有力的措辭，你可以堅守自己的界線，並為他人創造更好的工作環境。請記住，使用這些措辭時，你必須言行一致。你並不是在威脅別人，而是在清楚地告訴對方，什麼是你願意或不願意做的，或者什麼是你接受或不接受的事。但無論如何，請務必貫徹到底。

重點整理

應對職場霸凌的有力措辭

- 「我真的需要你的幫助……」
- 「難道我們要這樣一起工作嗎？」
- 「你不能這樣。」
- 「不准你這樣對我說話。」
- 「我希望私下和你討論這個問題。」
- 「我不接受這種做法。」
- 「當……時，我會很樂意……」
- 「我希望人事部門參與這次討論。」
- 「這就是我當時在那種情形下的狀況。」

第29章

應對職場八卦

「直接找到根源並說明整個狀況，從根本上斷絕謠言。」

——二十六歲墨西哥女性

如果你正面臨職場八卦的困擾，我們來幫你找到解決的辦法。在當今的數位化時代，職場八卦傳播得又快又難以澄清。好消息是，就像應對第19章的功勞竊取者一樣，有力的措辭可以有效地遏止職場八卦。事實上，大多數人都曉得八卦這種事沒什麼營養，只要指出散播者的行爲通常就能讓它止息。

「我知道這不該笑，但你得承認這還挺好笑的。」我（凱琳）的執行助理咧嘴笑著說。「不過你可能應該知道，有個關於你的謠言正在傳開。」我完全沒準備好面對接下來這個荒誕的職場八卦。

「大家說你是喜歡塗口紅的女同性戀，正打算和『蘿拉』（化名）一起偷偷跑去牙買加。」蘿拉是我新團隊中爲數不多的女性直屬下屬。說句公道話，我和蘿拉確實都有塗口紅，也許這就是會出現這種謠言的原因。此外，由於她在團隊中扮演重要的角色，我們確實花了不少時間相處在一起。

但我們之間並沒有愛情，也沒打算近期要去牙買加。回想起來，在海灘上放鬆一下或許是不錯的喘息機會，尤其是在面對這支尙未被我完全說服的新團隊時所承受的壓力。不過，如果我眞的去了牙買加，那也一定是帶著一個學齡兒童和一個蹣跚學步的小孩同行，並且很可能還會忘了帶口紅。

當人力資源部門開始介入調查時，情況變得更加棘手，於是我找來幾個挑起事端的人，直接面對這個問題。「這根本不是事實，而且我知道你們也清楚這一點。你們說說這到底是怎麼一回事？」這一刻成爲我們的關係的轉折點。我相信由於我自信地面對這場荒唐的風波，使我贏得了他們的尊重。（最終，這支團隊還因爲出色的銷售成績獲得了許多獎項。）

應對職場八卦的有力措辭

有效地平息八卦的方法是保持冷靜和自信。你看起來越不安，人們越可能懷疑謠言是眞的。直接面對八卦，說出你聽到的內容及其帶來的影響，並請對方幫忙停止散播這些損人不利己的話語。當有人在談論別人的八卦，通常你可以透過表明自己對此毫無興趣來阻止（或至少減緩）謠言的散播，然後鼓勵他們直接與當事人溝通。

用幽默轉移八卦的有力措辭

對於荒謬的謠言，自信和幽默可以緩和氣氛。以下是我們很喜歡的表達方式：

- 「我聽說有個謠言正在流傳，它說＿＿＿＿＿。如果這是電影，我一定買票支持！希望散播這個八卦的人有在好好地寫劇本。」
- 「最近，我顯然被說成是＿＿＿＿＿。我不得不承認，這個謠言比我實際的夜生活有趣多了。」

專家見解

了解八卦的真實性

如果八卦的對象是你，試著問自己這個困難的問題：「那些不公平的言論中，是否有一絲眞實的成分？」是不是你的某些行爲導致他們散播這樣的謠言？

在職涯中獲得成功的一個重要因素，就是理解別人對你的觀感。即使他們的看法或言論並不公正或不準確，但知道那些「走廊裡的竊竊私語」是什麼，也總比被蒙在鼓裡好，這樣你才能作出明智的下一步決定。

——貝芙．卡耶（Bev Kaye）

《愛他們或失去他們》（*Love 'Em or Lose 'Em*）和《幫助他們成長，還是看著他們離開》作者

請求協助解決職場八卦的有力措辭

在展現自信和幽默之後，另一個有效的行動是請散播者幫忙。當他們答應幫忙時，他們就很難繼續再講八卦了。

「我聽說有謠言在流傳。你覺得我可以怎樣阻止這種職場八卦的散播呢？」

你並不是在指責他們，而是直接面對謠言，並請求他們提供具體的解決方法。

「你知道，我一直在努力＿＿＿＿＿＿＿＿。令我難過的是＿＿＿＿＿＿＿＿。你能幫我從根源杜絕這個問題嗎？」

這個有力措辭完美地結合了三個要點：強調個人品牌的正面特質、展現對謠言的眞實感受，以及請求對方的協助。

「如你所知，我身爲＿＿＿＿＿＿＿＿，聲譽對我來說非常重要。你覺得爲什麼有人會認爲這是眞的呢？」

這句話有助於深入了解八卦的根源。也許你有某個行爲被誤解了，而你可以藉此來澄清眞相。

終止關於同事的謠言的有力措辭

當謠言是關於其他人時，我們並不建議你「少管閒事」，而這裡有一些有效的干預方式。回想一下第2章中黎安．戴維的建議：「目睹者——那擁有情感距離的人——有最佳的機會來進行建設性的干預。」

「你覺得這種話公平嗎？」

問這個問題的時機是，當你確信答案是「不公平」時。這是一種成熟的呼籲，可以在這些流言蜚語造成進一步傷害之前，起到遏止的作用。

「我們要不要乾脆打電話給（謠言中的當事人），問問他對這件事的看法？」

八卦最具破壞性的部分，在於它總是圍繞著某個不在場的人。這句話會讓人停下來思考自己在做什麼。這同時也是一種微妙的威脅，暗示你可能會讓當事人知道發生了什麼事。

「如果有人在背後這樣說你，你會希望我告訴你嗎？」

當然，這裡隱含的答案是「會」。這其實是在告訴對方：「如果你再不住口，我會讓八卦的受害人知道你幹了什麼好事。」

「哇，我可不希望有人在背後這樣說我。」

這句有力的措辭也是對成熟和適當的團隊規範的一種呼籲。

給主管：當謠言是真的（但還不適合討論）時該怎麼說

如果你是主管，有時你會掌握一些無法公開討論的機密資訊。這類情況可能非常棘手。以下是應對具有部分真實性的職場八卦時，可以派上用場的一些措辭。

「關於這件事，有許多內幕是我們不知道的，但謠言和八卦只會讓這種情況變得更糟，所以等我們了解更多時再說。」

在資訊不足的情況下，人們往往會假設最壞的情況。

「我知道此時大家的壓力都很大，我會儘快告訴大家更多的消息。」

這句話是在要求你的團隊給予時間。

「我發現在這種情況下，我們腦補出來的故事往往會比實際的情形更糟，所以等我們搞清楚事實後再說吧。」

如同用反映來連結的雋永金句一樣，你是在承認他們的感受。

＊＊＊

我們鼓勵什麼，什麼就會越多；相反的，我們批評或不理會什麼，什麼就會越少。如果想建立以人爲本的高效團隊，那麼終止謠言和職場八卦是很值得付出的努力。

重點整理

應對職場八卦的有力措辭

用幽默轉移八卦

- 「希望散播這個八卦的人有在好好地寫劇本。」
- 「我不得不承認，這個謠言比我實際的夜生活有趣多了。」

請求協助

- 「那些不公平的言論中，是否有一絲真實的成分？」
- 「你覺得我可以怎樣阻止這種職場八卦的散播呢？」
- 「你知道，我一直在努力＿＿＿＿。令我難過的是＿＿＿＿。你能幫我從根源杜絕這個問題嗎？」

- 「你覺得為什麼有人會認為這是真的呢？」

終止關於同事的謠言

- 「你覺得這種話公平嗎？」
- 「我們要不要乾脆打電話給（謠言中的當事人），問問他對這件事的看法？」
- 「如果有人在背後這樣說你，你會希望我告訴你嗎？」
- 「哇，我可不希望有人在背後這樣說我。」

給主管：當謠言是真的（但還不適合討論）時

- 「關於這件事，有許多內幕是我們不知道的，但我相信我們很快就會了解更多真相。」
- 「謠言和八卦只會讓這種情況變得更糟，所以等我們了解更多時再說。」
- 「我知道此時大家的壓力都很大，我會儘快告訴大家更多的消息。」
- 「我發現在這種情況下，我們腦補出來的故事往往會比實際的情形更糟，所以等我們搞清楚事實後再說吧。」

第30章

應對想法的打壓

「專注於大局。別忘了，成功地完成任務才是我們的最終目標。在討論不同的想法和解決方案時，要謹記這一點。」

——二十三歲俄羅斯男性

假如你有足以改變整個遊戲規則的想法，它能讓客戶的體驗更好，或是幫大家節省大量時間，可是你的同事卻不願意聽取你的想法，這時你該怎麼辦？你要如何讓他們認真看待你的提議？

然而當你想到，你試圖說服的那個人可能正處於壓力或疲憊的狀態，並面臨著他們沒有提及的壓力（參閱第1章），你可能會突然莫名地感到釋懷。事實上，就算你的想法確實能改善人們的生活，但考慮作出改變是需要精力的，況且大家都難免會有惰性。當你遇到他們的阻力時，只要保持清楚了解你的想法之所以重要的理由及其帶來的改變，你便能獲得堅持下去的信心。

我們希望你能繼續努力。當同事支持你時，你的主管就更有可能認眞看待這個想法。在我們爲《勇氣的文化》所做的研究中，有67%的受訪者表示，他們的主管總是抱持著「一直以來我們都是這麼做的」的觀念在做事。而讓主管注意到你的想法的最佳方式，就是爭取同事的支持。因此，讓他們擁護你的想法是非常好的開始。

當然，擁護自己的想法可以帶來滿足感，甚至是喜悅。我們曾在策略領導力和團隊創新課程中詢問參與者，當他們說出並堅持推廣自己的想法時，有什麼樣的感受？而他們形容這些感受的詞彙有著驚人的一致性：「棒極了」、「自豪」、「如釋重負」、「興奮」、「很有成就感」。

在進入有力的措辭之前，先簡要提醒一下：讓別人關注你的想法的最佳方法，就是建立起你善於傾聽別人的想法的聲譽。當有人向你提出一個想法時，你可以用以下的方式回應。

「這很有意思，我願意跟你一起深入探討這個想法。」

如果你希望別人傾聽你的想法，那就養成傾聽他們的想法的習慣吧。當你建立起關心同事、支持同事的努力的聲譽時，他們便更可能會認眞看待你和你的想法。

應對「想法打壓者」的有力措辭

現在，我們來看看當同事打壓你的想法時，你可以加以運用的有力措辭。當同事不願傾聽你的想法時，可以從他們最在乎的事情入手，包括他們當前的需求和長期的目標。以下是一些例子：

- 「我找到一個變通的方法，至少可以讓我們每週少做十小時的白工。我可以向你說明一下嗎？」
- 「你願意聽聽我的想法嗎？這個主意可以大幅減少客戶的不滿。」
- 「我想到一個方法，可以讓我們的老闆不再過度管理這個專案。你想聽聽細節嗎？」

「我來告訴你具體怎麼做……」

當同事不願傾聽時，也許是因為他們擔心會增加工作的負擔。向他們展示你已經深入思考過這個想法，並將它拆解為幾個簡單的具體步驟。讓事情看起來容易實現，可以讓同事不會覺得會增加工作負擔。

「如果我是你，我可能會想……」

儘早預測並回應同事的反對意見。這表示你理解他們，並且關心他們所重視的事情，這對建立良好的關係和連結非常有幫助。另一種類似的有力措辭是：「我想你可能會對如何實現這件事有些顧慮。我已經認眞思考過了，以下是我的解決方案……」接著列出你認為可能會遇到的問題，以及克服這些問題的解決方法。

正視對方的顧慮，提出解決方案

我曾參與籌備第五屆全球領導力大會，這次大會吸引了來自不同國家的兩千多位領袖。在幾週的時間裡，我們集思廣益，希望能以前所未有的全新方式驚豔全場。

然而我注意到，每當我提出新的想法時，一位在組織此類活動上更有經驗的同事總是迅速否決，聲稱自己非常了解觀眾的好惡。於是在下一次會議前，我安排了一對一的交流時間（我稱爲「喝個咖啡聊天」，以免聽起來太過正式）。

在輕鬆愉快的氣氛中，我提起了大會的籌備工作。我詢問他對於籌備方式的喜好，以及對於我的某些建議有哪些顧慮。隨著交談的深入，我們共同描繪出成功的想像畫面。我們問了一些這樣的問題：

- 「如果我們試試這個或那個呢？」
- 「如果我們把這個移到那裡，你覺得怎麼樣？」
- 「如果我們希望那個部分能引發不同的反應，我們可以怎樣利用團隊中的多元性來激發更多的創意？」
- 「我們如何建立更好的團隊合作方式，讓每個成員都能感到被重視並對成果作出貢獻？」

我分享了幾個類似活動的例子，以及它們如何幫助我們達成預期的目標。最終，我們成功地舉辦了最棒的一次活動，而至今我們仍是好朋友。

——莫弗路瓦索・伊勒芙巴雷（Mofoluwaso Ilevbare）
信心教練、Allied Pinnacle 公司紐澳地區首席人事官

「我有漏掉什麼嗎？」

這句有力的措辭之所以有效，是因爲它假設還有其他的事，並且顯示你眞的想知道對方的想法。如果你已經全面思考過他們的所有顧慮，這句話也能讓對方看到你已經將一切都考慮周全。

「你認爲這會讓我們付出什麼代價？」

這句話的核心在於讓你的同事描述不採取行動的後果。當人們感受到責任時，他們就更有可能接受它。請同事描述問題會讓他們覺得有責任去尋找解答。這句話的其他變體包括：

- 「你是如何面對這個挑戰的？」
- 「你覺得我們每週浪費了多少時間在這件事上？」
- 「解決這個問題對你來說意味著什麼？」

「我需要你支持的是……」

用這些有力的措辭建立連結之後，讓同事傾聽並參與你的想法的最好方式，就是提出一個明確的「請求」。你具體希望他們做什麼？你需要他們幫忙與利害關係人溝通嗎？還是需要他們協助專案中的某些部分？你具體需要完成哪些事？以下是一些範例：

- 「我在想，如果我們每個人在這一個月花（所需時間），就可以把這件事搞定。」
- 「我希望你能幫忙向你的主管推動這件事，我已經準備好了要點。」
- 「我正在尋找客戶來試試這個。你願意參與嗎？」

* * *

能與同事好好地合作並獲得想法的支持，是非常重要的職涯發展技能。當你能在人性的層面建立連結、用能打動對方的方式來表達你的想法、討論具體的操作、預見及解決對方的顧慮，並知道自己需要哪些支持時，你的同事便更有可能會認眞對待你的想法。

應對「想法打壓者」的有力措辭

- 「這很有意思，我願意跟你一起深入探討這個想法。」
- 「我找到一個變通的方法，可以讓我們……。我可以向你說明一下嗎？」
- 「你願意聽聽我的想法嗎？這個主意可以大幅減少……」
- 「我想到一個方法，可以……。你想聽聽細節嗎？」
- 「我來告訴你具體怎麼做……」
- 「如果我是你，我可能會想……」
- 「我想你可能會有些顧慮。以下是我的解決方案……」
- 「如果我們試試這個或那個呢？」
- 「我們如何善用……？」
- 「我們如何建立更好的團隊合作方式來……」
- 「我有漏掉什麼嗎？」
- 「你認為這會讓我們付出什麼代價？」

- 「你是如何面對這個挑戰的？」
- 「你覺得我們每週浪費了多少時間在這件事上？」
- 「解決這個問題對你來說意味著什麼？」
- 「我需要你支持的是……」
- 「如果我們每個人在這一個月花（所需時間），就可以……」
- 「我希望你能……」
- 「我正在尋找……。你願意參與嗎？」

第31章

應對消極抵抗的同事

「保持冷靜。」

——二十三歲越南女性

消極抵抗行爲是最具傳染性的衝突形式❶。人們很容易讓自己作出沮喪的反應和消極抵抗（或挑釁的攻擊），但這麼做會讓你看起來像是麻煩製造者，而這對你來說可不是件好事。

我們先來說明什麼是「消極抵抗」行爲。抵抗的部分是指個人感到憤怒或敵意；消極的部分是他們不會直接表達憤怒，而是將憤怒暗藏在權力、控制或欺騙的行爲中。舉例來說，一句關於消極抵抗的評論可能是：「喔，他們總是不想爲自己的行爲負責。能生活在永遠不會犯錯的世界應該很爽吧？」

當你第一次面對習慣消極抵抗的人時，他們往往會堅稱一切都很好，或者認爲問題可能只是你自己想太多了。（如果這聽起來像是煤氣燈效應❷，那是因爲除了眾所周知的公開操控和洗腦的方式外，確實也存在消極抵抗形式的煤氣燈效應。）

典型的消極抵抗行爲包括以下幾種：

- 尖酸刻薄的評論
- 帶有挖苦、批判或貶低意味的幽默
- 刻意隱瞞資訊
- 帶有反諷意味的稱讚
- 不履行承諾來破壞你的成功

---

❶意指這種行為模式很容易引發連鎖反應。在團隊或人際互動中，當一個人表現出消極抵抗（例如冷嘲熱諷、怠慢、不合作等），其他人可能也會因此感到受挫或不滿，進而用類似的行為予以回應，最終形成負面的互動循環。

❷煤氣燈效應（Gaslighting）係指透過心理操控來讓受害者質疑自己的想法、感受和記憶，最終失去對現實的信心。這個詞源自一九三八年的舞台劇《煤氣燈》（*Gas Light*）及後來改編的電影。在故事中，一名丈夫透過調暗家裡的煤氣燈並否認這一事實，來讓妻子逐漸懷疑自己的判斷力及對現實的感知，從而達到操控她的目的。

應對消極抵抗的同事的有力措辭

在介紹這些措辭之前，我們先說一件「不要做的事」：別告訴某人他們是消極抵抗的人。因爲這樣做沒有用，他們只會變得防衛或反控你才是消極抵抗的人。畢竟，你怎麼敢給我貼上這樣的標籤呢？相反的，請保持冷靜，並與對方保持距離，然後運用以下的措辭。

自我反思的有力措辭

「這是一種模式嗎？」

我們每個人都會有沮喪、不知如何表達自己的擔憂、或是表現得笨拙的時候。如果這種情況是第一次出現，值得耐心觀察是否存在消極抵抗行爲的模式。

「這算是大問題嗎？」

如果消極抵抗行爲只是小問題，有時候忽略它是最好的辦法。但如果他們隱瞞了資訊，並讓你在高層的團隊面前難堪，或這已經是第三次發生這種事，那就不容忽視了。你必須積極地處理這個問題。

提出關切的有力措辭

這些措辭可以幫助你表達自己的關切。通常，光是讓問題引起注意便有助於解決它們。

「我注意到……」

應對消極抵抗行爲最有效的方式，就是冷靜地描述發生的事情。保持冷靜可以避免陷入他們的遊戲中。以下是三個例子：

- 「我注意到你在會議中說『人紅眞好』。」
- 「我注意到你的簡報中，只有提到你的團隊在某方面的數據，但沒有包括其他三個方面的數據。」
- 「我注意到你寄給我的每一封郵件都會發送副本給我的主管，我很好奇你這樣做的原因。」

對於那些沒有根深柢固的消極抵抗行爲的人，通常只要把事情攤開來就能阻止他們這種行爲。這樣的人往往會說「你說得對，我那天只是心情不太好」或「嗯，你說得也有道理，我確實不該那樣做」之類的話。

「聽起來你的意思是……」

當同事說出刻薄的話、批判性的幽默或其他消極抵抗的表達時，通常是因爲他們感到不滿或沮喪。同樣的，不要對他們的說話方式或內容作出反應，而是回應他們話語背後的含義。這是高階的理解確認（第十一條雋永金句）。例如：「聽起來你的意思是，我得到了不該得到的機會，是嗎？」

如果你能冷靜、不帶評判地說這句話，你或許能展開一次有意義的眞誠對話，來討論他們的想法和感受。例如，他們可能會承認：「對，我很沮喪，因爲好事似乎都被你占盡了。」或者他們可能會否認：「不，這些機會絕對是你應得的，我只是沮喪自己沒能得到這些機會。」

你剛剛解鎖了他們不知如何表達的隱藏情緒，並幫助他們表達出來。接下來，你可以繼續說一句「用反映來連結」的話（參閱第三條雋永金句），類似於：「是的，當你想要的機會好像總是被別人拿走時，這確實會令人感到沮喪。」

「我能幫什麼忙？」

等等，你說什麼？你要我幫助那個惹人討厭、消極抵抗的人？嗯，或許是吧。他們已經說出自己的沮喪，此時你若能提供幫助則能建立你們之間的連結。這同時也讓他們有機會直接告訴你，你是否做了什麼才使情況變得更糟。你可以在必要時承擔責任，或尋找鼓勵他們或支持他們的方法。最好的情況是，你已經將他們轉變為你的盟友；即使是最壞的情況，他們也不會再對你懷有相同的敵意，更有可能不再打擾你。

把焦點放在工作上的有力措辭

有時候，應對消極抵抗的同事的最好方式，是把焦點放在具體的目標或事實上。

「這是我們必須負責的事。」

當有同事不履行承諾，只會說「我忘了」或「我以為那還不是完整的計畫」時，這句話就可以派上用場。將每個人的承諾記錄下來，並發送副本給每一位相關的人。如此一來，你不僅能幫助團隊完成工作，也能讓消極抵抗的同事無法找到藉口。

「這就是實際的情況／我已完成的工作／數據顯示的內容，你可以查看這裡。」

當有人以消極抵抗的方式扭曲事實時，你要冷靜地重申眞相，並請大家自行查看事實。例如，你可以說：「聽起來好像有誤會。我已經完成這些報告並且提交出去了，而財務部門也已經批准了。如果需要的話，這裡有資料可以查看。」

「我眞的很希望這件事能順利進行，但我需要你的協助。」

這是用於第三方的有力措辭，例如你的主管或人事部門的人。當你直接向消極抵抗的同事提出問題後，若他們的行爲模式依然沒變，那麼就把具體的情況（包括日期、時間和發生的事件）記錄下來，然後尋求幫助。

以謙遜的態度面對這種情況。例如，你可以對主管說：「我很重視這個團隊，也希望把工作做好，可是同事的行爲已經影響到工作的進展。我試著解決這個問題，但沒什麼效果，所以才想請您幫忙。」（與主管溝通時，謙遜和交際手腕至關重要，因爲他們可能不夠深入了解實際的情況，或那位消極抵抗的同事可能已經討好主管來讓自己避免被追究責任。）

專家見解

消極抵抗的原因

消極抵抗的人是避免不了的，幾乎每個職場都有他們的存在，甚至一些優秀的同事有時也會表現出消極抵抗的行爲。事實上，我們每個人都會這樣做。我自己也曾不只一次做過這種事。這並不是什麼值得驕傲的事，但卻是不爭的事實。當你的同事（或你自己）消極抵抗時，他們並不會直接表達自己的想法或感受，而是用間接的方式來表達自己。

他們可能會翻白眼或對你冷眼相待，但當你詢問發生什麼事時，他們會說「沒事」，並暗示這一切只是你多慮了。

這樣的行爲並不代表某人是壞人。事實上，消極抵抗往往源自於人性脆弱的一面：

- 對失敗的恐懼和（或）對完美的渴望
- 對被拒絕的恐懼和（或）想被喜歡的渴望
- 對衝突的恐懼和（或）對和諧的渴望
- 對無能爲力或缺乏影響力的恐懼和（或）對控制的渴望

大多數時候，你的同事並非故意要製造麻煩。只要能稍微理解一下他們行爲背後的動機，你們的關係將不再那麼令人痛苦。

——艾美．嘉露（Amy Gallo）

《不內傷、不糾結，面對8種棘手同事》

（*Getting Along: How to Work with Anyone (Even Difficult People)*）作者

＊＊＊

大多數消極抵抗行爲的發生，是因爲當事人不知道如何以更直接的方式獲取他們所需要的東西。冷靜地直接面對這種行爲能有助於化解衝突。雖然改變對方並不是你的責任（即使你想也辦不到），但透過這些有力的措辭，你不僅可以改善彼此的關係，有時甚至能將對方變成支持你的盟友。

重點整理

應對消極抵抗的同事的有力措辭

自我反思

- 「這是一種模式嗎？」
- 「這算是大問題嗎？」

提出你的關切

- 「我注意到……」
- 「聽起來你的意思是……」
- 「我能幫什麼忙？」

把焦點放在工作上

- 「這是我們必須負責的事。」
- 「這就是實際的情況／我已完成的工作／數據顯示的內容，你可以查看這裡。」
- 「我真的很希望這件事能順利進行，但我需要你的協助。」

第32章
應對難搞的客戶

「由於對處理客服問題的方式意見不同，我曾經與主管爆發嚴重又令人難忘的職場衝突。主管希望採取強硬的手段來解決問題，但我認為應該使用溫和的交際手腕才是長久之計。後來，我們達成妥協並採取折衷的辦法，而這個方法最終也成功地解決了問題。」

——二十五歲美國男性

只要跟客戶打交道一段時間，你就知道「顧客永遠是對的」這句話根本是胡說八道。這也正是與客戶溝通是如此困難的原因。你的工作是把事情做好，但你永遠不可能讓所有人都滿意。

我（凱琳）這些年來帶領過成千上萬位面對客戶的員工，包括處理過比我願意承認的還要多的來自客服中心和零售店客戶的升級投訴。根據這些經驗，我可以完全確信一件事：從統計學來看，你那位難搞的客戶不太可能今早一覺醒來刷完牙，就突然心血來潮想：「今天來做點有趣的事吧？不如打電話或去商家找麻煩，搞些讓人傷腦筋的事。」

然而，根據「ACA客服與客戶體驗狀況調查」（ACA State of Customer Service and CX），有32%的人承認曾經對客服人員大吼大叫。事實上，大多數人甚至根本不想打電話給客服。有38%的美國人表示，他們寧願去打掃廁所也不願意打電話給客服。①這些可怕的尖叫者大多數時候可能也是理智的正常人，但他們不得不打電話的事實，顯然表示某些事情確實出錯了。當他們經歷了自助服務、半調子的AI機器人和一些無聊的循環轉接後，他們便把積壓的挫折感發洩在第一個願意聽他們說話的真人——你——身上。

我們明白，有些客戶確實是來找麻煩的。（當然，我們不會用「凱琳們」來稱呼這些難搞的客戶，原因很明顯。）事實上，大多數的客戶更像是你——只是盡最大的努力熬日子。他們都有哪些共同點呢？需要真正被看見和聽見。而這就是有力的措辭派上用場的地方。

應對難搞客戶的有力措辭

從建立連結開始，並以堅定的承諾結束。一開始，你就必須讓客戶感覺你理解他們和他們的擔憂，並具備專業的知識以及解決問題的誠意。

「非常抱歉發生這種事，我們馬上爲您解決這個問題。」

說「抱歉」並認同他們的擔憂和情緒，永遠是好的開始。

「這一定讓您非常沮喪，但這絕不是我們所樂見的。」

像這樣簡單的語句能讓客戶感覺被理解、緩解情緒，並爲有效的對話定下基調。即使客戶不小心將車子開進了你店面的玻璃展示櫃，你依然可以表示同情。（這屬於「我接過的最奇怪的電話」：「凱琳，我們有輛本田汽車掛在 iPad 的展示台上，幸好沒有人受傷。」）你並不是在爲他們的錯誤感到抱歉，而是在同理他們的處境。

---

①謝普．海肯（Shep Hyken），〈ACA 客服與客戶體驗狀況調查〉，客服研究，二〇二三年三月，訪問於二〇二三年六月二十八日。https://hyken.com/wp-content/uploads/2023/03/2023-ACA-Study.pdf.

「我們知道接下來該怎麼做」和「包在我身上，我們會處理到問題解決爲止。」

在互動的前四十秒內建立客戶的信心，是讓他們感到安心的另一種有效方式。這句有力的措辭能爲對話注入信心，並讓顧客感受到你對這件事的重視。

專家見解

應對難搞客戶的五步驟

客戶體驗專家兼《紐約時報》暢銷書作家謝普・海肯，提出了應對難搞客户的五個簡單步驟：

一、承認客户的投訴
二、向客户致歉
三、處理必須解決的問題
四、負起責任

五、迅速行動

——謝普・海肯（Shep Hyken）
謝普簡報公司（Shephard Presentations）創辦人暨首席客服主管

「我是不是聽到小狗的聲音？牠會不會把您洗衣籃裡的內衣咬爛呀？」

你應該對客戶的情況、經歷、挫折、甚至背景中的線索保持好奇。但要注意的是，這類問題要麼可立即緩和對話的氣氛，要麼便是讓情況變得更糟，因爲客戶可能會覺得你是在轉移話題，因此務必要留意這些細微的線索。

「我確認一下我是否理解正確：（摘要）。我有沒有漏掉哪些需要了解的重要細節？」

當客戶已經向其他人說明過他們的情況時，這一步尤其重要。進行這種理解的確認有兩個目的：首先，讓客戶感到自己被傾聽；再者，確保你沒有錯過重要的資訊。

「怎樣才是您感到滿意的結果？」

這個有力措辭可以釐清客戶心中眞正想要的東西。即使你無法滿足那個期望，知道他們想要什麼總是有益無害。

「接下來我會……。我明天再跟您聯繫，確認問題是否已經解決。」

務必使用這句承諾的有力措辭。畢竟，後續的行動──你接下來要做什麼、什麼時候做、客戶要如何知道──才是客戶最在意的。

＊＊＊

如你所見，建設性衝突的四個面向在應對難搞的客戶時非常好用。首先是建立連結，接著是儘快釐清狀況及表現出你的專業，然後對情況及解決問題的最佳方法保持好奇心，最後以自信的承諾來結束這場對話。

重點整理

應對難搞客戶的有力措辭

- 「非常抱歉發生這種事，我們馬上為您解決這個問題。」
- 「這一定讓您非常沮喪，但這絕不是我們所樂見的。」
- 「我們知道接下來該怎麼做。」
- 「包在我身上，我們會處理到問題解決為止。」
- 「我是不是聽到小狗的聲音？牠會不會把您洗衣籃裡的內衣咬爛呀？」
- 「我確認一下我是否理解正確……。我有沒有漏掉哪些需要了解的重要細節？」
- 「怎樣才是您感到滿意的結果？」
- 「接下來我會……」
- 「我明天再跟您聯繫，確認問題是否已經解決。」

第33章 你一定做得到

你一定做得到。但不是因爲你現在掌握了數百句有力的措辭，也不是因爲你會把每一句話都說得恰到好處。你之所以一定做得到，是因爲你足夠關心，願意付諸努力。倘若你不關心人際關係、影響力和成果，你根本就不會來閱讀這本書。

關心是會傳染的。你用一句句充滿關懷的話語，逐步建立彼此的關係。

每次建立連結或釐清期望，都會讓下一次的對話變得更加輕鬆。當你始終保持好奇心時，你就會得到更多的資訊，從而作出更明智的選擇。此外，好奇心還有一個美妙的附加效果，就是能激發其他人也變得更有好奇心，大家也因此而變得更有智慧。當你清楚地表達承諾時，下一次對話（對所有人來說）就會順利許多。

然而，掌握衝突是需要練習的。剛開始時，對話可能會顯得尷尬，或者無法達到你預期的效果。但即使如此，那場對話也仍是一種成功，因爲你勇於成長，並邁出了重要的一步。因此，我們要留下這最後四句有力的措辭來激勵你的學習旅程：

- 「我從這次互動中了解到關於我自己的哪些事？」
- 「我從另一個人身上學到了什麼？」
- 「想到我在對話中的表現，什麼是最令我感到自豪的？」
- 「如果再次發生這種衝突，我會給自己什麼樣的建議？」

當我們詢問那些參加我們課程的人，他們在進行了重要的艱難對話後有什麼感受時，他們最常說的是「既……又……」：

- 「既緊張又鬆了一口氣。」
- 「既有壓力又感激。」
- 「既有點驚慌失措又對結果感到驚訝。」

你正在邁向美好的「既……又……」。

應對職場衝突句式聖經：善意表達自我，阻止問題惡化，近300句有力措辭即刻套用／凱琳．赫特（Karin Hurt），大衛．戴伊（David Dye）著；謝明憲譯. -- 初版. -- 新北市：橡實文化出版：大雁出版基地發行，2025.01
面； 公分
譯自：Powerful phrases for dealing with workplace conflict : what to say next to de-stress the workday, build collaboration, and calm difficult customers
ISBN 978-626-7604-10-6（平裝）

1.CST: 職場成功法 2.CST: 人際衝突 3.CST: 衝突管理

113017568 494.35

BM0050

應對職場衝突句式聖經：

善意表達自我，阻止問題惡化，近300句有力措辭即刻套用

Powerful Phrases for Dealing with Workplace Conflict: What to Say Next to De-stress the Workday, Build Collaboration, and Calm Difficult Customers

作　　者　凱琳．赫特（Karin Hurt）、大衛．戴伊（David Dye）
譯　　者　謝明憲
責任編輯　田哲榮
協力編輯　劉芸蓁
封面設計　斐類設計
內頁構成　歐陽碧智
校　　對　吳小微

發 行 人　蘇拾平
總 編 輯　于芝峰
副總編輯　田哲榮
業務發行　王綬晨、邱紹溢、劉文雅
行銷企劃　陳詩婷
出　　版　橡實文化 ACORN Publishing
地址：231030 新北市新店區北新路三段 207-3 號 5 樓
電話：02-8913-1005　傳眞：02-8913-1056
網址：www.acornbooks.com.tw
E-mail 信箱：acorn@andbooks.com.tw
發　　行　大雁出版基地
地址：231030 新北市新店區北新路三段 207-3 號 5 樓
電話：02-8913-1005　傳眞：02-8913-1056
讀者服務信箱：andbooks@andbooks.com.tw
劃撥帳號：19983379　戶名：大雁文化事業股份有限公司

印　　刷　中原造像股份有限公司
初版一刷　2025 年 1 月
定　　價　450 元
I S B N　978-626-7604-10-6